秸秆综合利用与政策解读

王永立 王志龙 刘峰◎主编

中国农业科学技术出版社

图书在版编目（CIP）数据

秸秆综合利用与政策解读／王永立，王志龙，刘峰主编．—北京：中国农业科学技术出版社，2020. 9

ISBN 978-7-5116-5010-8

Ⅰ.①秸… Ⅱ.①王…②王…③刘… Ⅲ.①秸秆-综合利用-农业政策-中国 Ⅳ.①S38

中国版本图书馆 CIP 数据核字（2020）第 174889 号

责任编辑 金 迪 崔改泵
责任校对 马广洋

出 版 者 中国农业科学技术出版社
北京市中关村南大街 12 号 邮编：100081
电 话 (010)82109194(编辑室) (010)82109702(发行部)
(010)82109709(读者服务部)
传 真 (010)82109698
网 址 http://www.castp.cn
经 销 者 各地新华书店
印 刷 者 北京富泰印刷有限责任公司
开 本 880 mm×1 230 mm 1/32
印 张 5
字 数 138 千字
版 次 2020 年 9 月第 1 版 2020 年 9 月第 1 次印刷
定 价 31. 80 元

《秸秆综合利用与政策解读》

编委会

主　编：王永立　王志龙　刘　峰

副主编：冯志远　杨艳玲　李香春　李　娜　李　强　余海燕　苗志华　赵　勇　孙晓艳　张　猛　霍保安　周艳勇　纪　香　冀立军　韩明娟　王成志　王　铠　王亮生　王惊宇　王维彪　辛　欣　谭成春　梁　华　程秀君　马艳红　路　平　刘　澜　刘　静

编　委：王亮生　王小平　田　敏　张　丽　康树立　李玉知　宋丽娜　张智中　张文静　于焕娣　杨丙新

前　言

农作物光合作用的产物“一半在籽实，一半在秸秆”，秸秆资源化利用就是找回农业的“另一半”。我国是农业大国，每年产生的农作物秸秆超过 9 亿吨，为减少农作物秸秆直接焚烧造成的环境污染和资源浪费，“十三五”以来，在政策的积极支持和推动下，我国农作物秸秆综合利用效果显著。目前秸秆综合利用率超过 82%，秸秆利用方式多种多样，基本形成了以肥料化利用为主，饲料化、燃料化稳步推进，以基料化、原料化为辅的综合利用格局。

本书以秸秆综合利用、政策解读为主线进行介绍，共 12 章，内容包括：秸秆概述、秸秆肥料化与饲料化利用、秸秆食用菌基料化利用、秸秆原料化与能源化利用、秸秆收贮运技术、农作物秸秆利用国家行政规范性文件、以用促进与多功能性发挥、农业优先与多元利用、科技支撑与试点示范、政策扶持与市场运作、因地制宜与突出重点、离田利用与产业化发展等。

本书的读者对象为广大农村人员，也可供从事农业工程的技术人员、培训相关专业的师生及其他爱好者参考。

编　者

目　录

第一章　秸秆概述

第一节　秸秆的定义

什么是秸秆？秸秆即农作物的茎秆。在农业生产过程中，收获了小麦、玉米、稻谷等农作物以后，残留的不能食用的根、茎、叶等统称为秸秆。秸秆是一种具有多用途的可再生生物资源，农作物光合作用的产物有一半以上存在于秸秆中。

农作物秸秆不仅包括农业生产过程中的产物，还包括农产品加工过程中的副产品，具体包括以下几类：豆类茎秸，包括黄豆秸、蚕豆秸、豌豆秸、豇豆秸、羽扇豆秸和花生藤蔓等；禾本科作物秸秆，包括大麦秸秆、燕麦秸、小麦秸、黑麦秸、稻草、高粱秸秆、玉米秸秆以及薯类藤蔓等；农作物加工过程中的副产品，包括玉米芯、各种麦类的糠麸，各种水稻的谷壳和米糠等；亚热带农作物副产品，包括甘蔗渣、西沙尔麻渣、香蕉茎和叶等。

第二节　秸秆的结构与组成

（一）禾本科作物的植株结构

水稻、小麦、玉米、高粱等禾本科作物的植株由根、叶、茎、花和籽实等器官组成。

（1）叶。叶是进行光合作用的主要器官。叶的组织分为表皮系统、基本系统和维管系统。表皮在叶的最外层，维管组织则分布在基本组织之中。禾本科作物的叶分为叶鞘和叶片两部分。叶鞘包在茎的四周，有支持茎和保护茎的作用。叶鞘基部膨大的部分叫叶节。禾本科作物的叶上有的有叶耳、叶舌，有的则没有。例如，高粱有叶舌而无叶耳，小麦的叶耳小且有茸耳，大麦叶耳大，黑麦叶耳部明显，燕麦无叶耳，水稻有叶舌、叶耳，稗草则无叶舌、叶耳。

叶的表皮结构比较复杂，有泡状细胞（即运动细胞）、附属毛、似纤维的细胞。表皮细胞有长细胞、短细胞。短细胞又分为硅质细胞、栓质细胞，前者充满硅质体，后者细胞壁木栓化。表皮上下面还有气孔。表皮可以保护叶肉组织，防止水分蒸散，有机械支持叶的作用。表皮细胞质有硅质，细胞外壁有角质层，这是禾本科作物的特点。叶脉是维管束。禾本科作物叶脉为平行脉，叶上纵行的平行脉之间还有横行的小维管束将平行脉连接起来。禾本科作物的叶脉有维管束鞘。维管束鞘有两种：一种为薄壁型，含有叶绿体；另一种壁较厚，无叶绿体。小麦有内外两层维管束鞘，玉米、高粱维管束鞘中的叶绿体特别大，在光合作用时，叶内可形成较多的淀粉。叶肉是由表皮下团块状薄壁组织细胞所组成。叶肉组织中含有大量叶绿体，因此这些起同化作用的器官为绿色。进行光合作用时，叶绿体有聚集淀粉的作用。

（2）茎。禾本科作物的茎呈圆筒状，茎中有髓或有空腔。茎可分为若干节，节与节之间的部分叫节段，每节间的坚硬圆实部分，称之为（叶）节。节段的数目随不同种或品种作物而不同。水稻和小麦的茎秆比较细软，地上部分有5~6节，节间中空，曲折度大，有弹性。玉米、高粱和甘蔗的茎为实心，茎高大，地上部分节数有17~18节，节间粗、坚硬、不易折断。玉米植株顶端有雄穗，植株中间有雌穗，穗外有苞叶。苞叶包着生在轴芯上的籽粒。

禾本科作物茎的节间横切面上有3种系统：表皮系统、基本系统和维管系统。表皮系统只有初生结构，一般为一层细胞，通常角质化或硅质化，以防止水分的过度蒸发和病菌侵入，并对内部其他组织起保护作用。各种器官中数量最多的组织是薄壁组织，也叫基本组织，它是光合作用、呼吸作用、养分储藏、分化等主要生命活动的场所，是作物组成的基础。维管束都埋藏贯穿在薄壁组织内。在韧皮部、木质部等复合组织中，薄壁组织起着联系作用。

在维管系统中，除薄壁组织外，主要有木质部和韧皮部，两者相互结合。禾本科作物维管束中木质部、韧皮部的排列多属于外韧维管束。小麦、大麦、水稻、黑麦、燕麦茎中维管束排成两圈，较小的一圈靠近外围，较大的一圈插入茎中。玉米、高粱、甘蔗茎中的维管束则分散于整个横切面中。木质部的功能是把茎部吸收的水和无机盐，经茎输送到叶和植株的其他部分。韧皮部则把叶中合成的有机物质（如碳水化合物和氮化物）输送到植株的其他部分。

在玉米茎表皮下有机械组织，由厚壁组织与厚角组织组成。这些组织能支持植株本身的质量并能防止风雨的袭击。厚壁组织含有石细胞和纤维一类的细胞。

（二）秸秆的组成

秸秆主要是由木质素、纤维素和半纤维素 3 部分组成。木质素是以苯丙基为基本结构单元连接而成的高分子多分散性高聚物，非常难以降解。纤维素是细胞壁的主要成分，在纤维素的周围充填着半纤维素和木质素，阻碍了纤维素酶同纤维素分子的直接接触。纤维素的化学组成十分简单，是由 β-D-葡萄糖通过于 β-4-糖苷键连接而成的线型结晶高聚物，聚合度很大（通常由 4 000～8 000个葡萄糖分子串联起来，聚合度达 200～2 000）。葡萄糖的 β-1,4-糖苷键连接方式使纤维素的近乎所有羟基及其他含氧基团，都同其分子内或相邻的分子上含氧基团之间，形成分子内和分子链之间的氢键。这些氢键使很多纤维素分子共同组成结晶结构，并进而组成复杂的基元纤维、微纤维、结晶区和无定型区等纤维素聚合物的超分子结构。纤维素的特殊结构使纤维素酶分子很难靠近纤维素分子内部的糖苷键进行有效的反应。半纤维素在结构和组成上变化很大，一般由较短（聚合度小于200）、高度分枝的杂多糖链组成。常见的有木聚糖、阿拉伯-木聚糖、葡萄-甘露聚糖、半乳-葡萄-甘露聚糖等，多通过β-1,4-糖苷键连接，含有五碳糖（通常是D-木糖和L-阿拉伯糖）、六碳糖（D-半乳糖、D-葡萄糖和D-甘露糖）和糖醛酸。各种植物纤维原料的半纤维素链上连接着数量不等的甲酰基和乙酰基，其分支结构使半纤维素无定型化，比较容易被水解为其组成糖类。

（三）秸秆与木材的比较

尽管农作物秸秆与木材同属于通过光合作用积累的可再生木质纤维素资源，但是，木材作为资源被大量利用，而秸秆却大量被废弃或焚烧。这是以下原因所导致的。

（1）纤维形态的特征差异。秸秆中细小纤维及杂细胞组分含量高，多达40%~50%，纤维细胞含量低至40%~70%。而木材杂细胞含量低，纤维细胞含量高，阔叶材含量为60%~80%，针叶材含量达90%~95%。

（2）秸秆生物结构的不均一性。即茎秆、叶、穗、鞘等各占一定比例，而且各部分的化学成分及纤维形态差异很大，某些部位的纤维特征还要优于某些阔叶纤维素，如，麦草的节间和叶鞘、稻草的茎，这些部位中的纤维长度和杨树纤维长度类似甚至长于杨树纤维，而且纤维比较窄，具有很高的长宽比。收获秸秆一般不进行不同器官的分离，因此整株秸秆中含有多种器官和组织。而木材在采伐后，一般要进行剥皮处理，实际使用的是整个树干的木质部。

（3）化学成分的差异。秸秆中含有大量半纤维素，灰分含量高，大于1%，有些稻草则可高达10%以上。

第二章　秸秆肥料化与饲料化利用

第一节　农作物秸秆肥料化利用

农作物的秸秆中含有大量的纤维素、半纤维素和蛋白质等有机质，还含有氮、磷、钾、钙、镁和硫等矿物质元素，是农业生产重要的肥源之一。秸秆中的营养成分在土壤中分解为腐殖质可提高土壤有机质的含量，并在土壤中经过多次翻耕、搅拌以及切割等工序分离了土块，使耕层团聚体变小，利于土壤团粒体的形成，且孔隙度加大，渗透速度加快，容重变轻，黏力变小，透水性、透气性以及蓄水保墒能力都会增加，从而大大缓解土壤板结的问题，改善土壤结构。

农作物秸秆作为肥料还田能有效地增加土壤有机质含量，改良土壤，提高土壤肥力，特别对缓解我国多数土壤中氮、磷、钾肥比例失调的矛盾，弥补磷、钾肥力不足有着十分重要的意义；而且可以解决“三夏”“三秋”农忙期间争农时和争劳力的矛盾；农作物秸秆还田还可优化农田生态环境，可以避免由于焚烧秸秆产生的环境污染；坚持常年秸秆还田，不但在培肥阶段有明显的增产作用，而且后效十分明显，能有效促进土地生产良性循环。

农作物秸秆作为肥料利用主要是秸秆还田技术，农作物秸秆还田主要有直接还田、间接还田和覆盖还田等方式。秸秆直接还田是把一定数量的秸秆直接耕翻入土，包括粉碎还田和整株还田两种，目前，我国农区主要有小麦—玉米两熟区秸秆还田和南方稻区秸秆还田等方式。秸秆的间接还田是指将秸秆适当处理（如饲喂动物、燃烧和发酵等）后再返田，包括堆沤发酵后还田、养殖垫料后还田、制沼后废渣还田和秸秆过腹后还田等。秸秆覆盖还田是指将秸秆不翻入土内而是将其留在土壤表面，包括粉碎覆盖还田以及直接覆盖还田。另外，农作物秸秆还可以生产生物有机复合肥，将秸秆经粉碎、酶化、配料、混料、造料等工序而得到秸秆复合肥。

一、秸秆间接还田

秸秆间接还田是将农作物秸秆适当处理（发酵、动物饲料、垫料和制沼等）后转化为有机肥料还田。包括堆沤发酵后还田、养殖垫料后还田、过腹后还田和制沼后废渣还田等。秸秆堆沤还田俗称高温堆肥，它是利用夏季高温把秸秆堆积，采用厌氧发酵沤制，其特点是时间长、受环境影响大，劳动强度高，但成本低廉。现已发展到推广应用催腐剂、酵素剂等堆沤秸秆，缩短了沤制时间。养殖垫料后还田是将农作物秸秆作为动物的垫料，与动物的粪尿结合，然后还田。过腹后还田是一种效益很高的秸秆利用方式，秸秆经过青贮、氨化、微贮处理，饲喂畜禽，过腹排粪还田，提高秸秆的经济价值。秸秆厌氧发酵产出沼气，可用于烧火做饭、照明、发电以及取暖等，发酵后的沼渣和沼液称为沼肥，可以作为一种廉价、优质的高效肥料使用。

（一）秸秆堆沤发酵后还田

秸秆沤肥在我国有悠久的历史，是将秸秆经过适当处理转变成有机肥。与无机化肥相比，有机肥具有不偏肥、不缺素、稳供和长效的特点；既可以将秸秆废弃物进行无害化处理，又可以通过生物有机肥增产增效，实现生态效益和经济效益的统一。有机肥的施用，对绿色农业和生态农业建设具有重要的意义，是农业可持续发展的重要一环。目前，秸秆堆沤发酵制肥主要有传统的高温积肥和催腐剂堆肥。

（1）高温积肥。高温积肥是一种传统的农作物秸秆积肥技术，有着悠久的历史，在我国部分农村地区应用较为广泛，是解决我国当前有机肥源短缺的主要途径之一。将切碎的秸秆与水、粪、尿或化肥进行混合并密封，秸秆被充分腐解后转化成腐熟高效的优质有机肥。采用先进的堆肥发酵技术，使得秸秆纤维素迅速分解转化，各种病原菌、杂草种子和蛔虫卵等均被杀死，生产稳定性较强、养分种类齐全的生物有机肥。秸秆与粪便生产的生物有机肥含有作物生长所需的氮、磷、钾、硫、钙和镁等大量元素，又含有锌、硼、钼、铜和铁等微量矿物质元素，而且大多以有机形态存在，既可满足作物生长需要，还可提高作物对不良环境的适应能力。高温积肥分堆肥和沤制两种方法。堆积密封处理秸秆的方法称为堆腐法；在粪池内或在坑洼地区就势挖池分层处理秸秆的方法称为沤腐法。以玉米秸秆为例，介绍秸秆高温积肥技术要点。

①秸秆堆腐。选择距水源较近，运输方便的地方，肥堆的大小视场地和材料多少而定，首先把地面压实，然后在底部铺上一层干细土，在上面铺一层未切碎的玉米秆作为通气床，将秸秆切成3~4厘米长，加足量的水浸泡（使秸秆含水量达到60%~70%），与粪、尿、土杂肥等混合逐层堆放，秸秆，人畜粪尿和细土的搭配比例以3：2：5为宜，外层用泥土密封，在肥堆四周挖深30厘米、宽30厘米左右的沟，把土培于四周，防止粪液流失，堆后2~8天，温度显著上升，堆体逐渐下陷，当堆内温度慢慢下降时，进行翻堆，把边缘腐熟不好的材料与内部的材料混合均匀，重新堆起，如发现材料有白色菌丝体出现，要适量加水，然后重新用泥封好，待达到半腐熟时压紧密封待用，堆封时间一般为40天左右，最终秸秆变成黑、烂、臭的有机肥。完全腐熟时作物秸秆的颜色为黑褐色至深褐色，秸秆很软或混成一团，植株残体不明显，用手抓握堆肥挤出汁液，滤

出后无色有臭味。

传统的秸秆堆腐制肥最好避开农忙季节，一般选择在夏秋季高温季节，采用厌氧发酵沤制。制肥场地可选择地势平坦，靠近水源的背风向阳处。可以利用地头、坑边或闲散地，将秸秆堆沤，按秸秆的多少，确定堆沤的面积。

②秸秆沤腐。堆肥制作简单，村头、田边均可沤制。利用自然坑或人工挖坑，将秸秆和牲畜粪尿等堆积于坑中，然后加入一定量的水，使秸秆在淹水条件下发酵分解。为使其腐熟快，肥效高，应满足以下条件：沤肥要经常淹泡，切忌时湿时干；应加入适量的人畜粪尿，以降低碳氮比；适时翻倒，改善内部环境，从而促进微生物活动；做到坑底不渗漏，坑面不漫水，防止养分流失。

堆肥一般在春秋两季使用，在夏冬就必须积存，贮存方式可直接堆存在发酵池中或袋装，要求干燥而透气。传统的高温积肥，操作简单，成本较低，非常适于农户分散小规模应用。但这种制肥方法受环境影响较大，产出量较低，耗时长，不利于大规模生产。堆肥是一种富含有机质和各种营养物质的完全肥料，长期施用堆肥可以起到培肥改土的作用。堆肥属于热性肥料，腐熟的堆肥可以抓青追肥，作沟子粪，半腐熟的堆肥作基肥施用。蔬菜作物由于生长期短，需肥快，应施用腐熟堆肥。在丰产田里，农作物需氮素较多，堆肥中氮素往往供应不足，因此必须追施氮肥以补不足。土壤不同施用堆肥的方法也不相同，黏重土壤应施用腐熟的堆肥，沙质土壤则施用中等腐熟的堆肥（或半腐熟的堆肥）。

（2）利用催腐剂堆腐秸秆。催腐剂堆腐秸秆是在传统高温积肥的基础上添加催腐剂（如酵素菌）来加速作物秸秆腐烂而积造优质有机肥的方法。采用添加快速腐熟剂的方法，提高堆肥的温度，缩短堆肥的周期，不仅能加速秸秆腐熟的速度、大幅度提高堆肥养分含量，而且还能定向提高生物钾细菌、磷细菌等有益微生物的含量，大幅度增加堆肥中有益微生物数量，从而使所堆制成的堆肥成为高效的生物有机肥。催腐剂堆腐秸秆制肥已成为制造优质有机肥的常用方法，以替代传统的简单堆沤。利用该方法，一年四季均可生产，即使在冬天也能沤制，缩短了沤制时间。同时，堆肥中的生物钾细菌、生物磷细菌等有益微生物施入土壤后还能继续生长繁殖，使土壤中的固定和缓效磷、钾转化为速效养分，提高了土壤中养分的利用率，增加了土壤对作物的养分供给。适合在广大农村推广，也可以工厂化生产、市场化经营，发展秸秆有机肥产业。

利用秸秆腐熟剂堆制有机肥的方法与传统的秸秆积肥类似，所不同的是，一般每吨秸秆加 1 千克催腐剂，再加 5 千克左右的尿素，以满足微生物发酵所需的氮素，合理调整碳氮比。

实践操作中要注意：堆制前必须将秸秆浸水，以软化秸秆组织，便于发酵；在堆制时要适当加入一些人粪尿或碳酸氢铵，增加碳氮比，促进微生物的分解活动；堆内的微生物适宜在中性和弱碱性条件下进行活动，当酸度过大时会抑制微生物的活动。

（3）秸秆生物有机肥生产。秸秆生物有机肥实际上就是秸秆高温积肥技术的规模化应用，将大量的秸秆集中起来进行发酵处理，在短时间内就可以加工生产出被农作物直接吸收利用的腐殖质有机肥。这种秸秆有机肥具有以下优点：有机质活性高，含有大量氨基酸和黄腐酸等有机物；能激活板结土壤中原生有益菌群并有效抑制有害菌群，减轻病虫害；改良土壤。

秸秆生物有机肥规模（工厂）化生产的原理与利用秸秆腐熟剂堆制有机肥技术相同，工艺流程上稍有不同。首先收割秸秆，用机械粉碎，然后将秸秆粉与鸡粪混合，添加量视鸡粪含水量而定（一般发酵要求 45%的含水量，也就是手捏成团，手指缝见水但不滴水，松手后一触即散），然后添加玉米面和菌种（玉米面的作用是增加糖分，供菌种发酵用，使多维复合酶菌很快占绝对优势)，再将配好的混合料喂入搅拌机进行搅拌（搅拌一定要匀、要透，不留生块)，搅拌好的配料堆成长条堆，密封进行好氧发酵堆制。发酵成熟，稍加晾干即可装袋出厂。晒干后的秸秆肥料，通过有机肥颗粒机进行颗粒化加工，制成各种颗粒状的有机肥，可用于有机食品、绿色食品和无公害食品的生产。

（二）秸秆养殖垫料后还田

家禽等动物在地面平养模式时，要在地面铺一层垫料，通常使用的垫料类型包括切碎的干草、碎玉米秸、高粱秸秆、锯末刨花、粉碎的玉米芯、花生壳、棉籽壳和甘蔗渣等。秸秆垫料与动物的粪尿结合，经适当处理可得到肥效理想的有机肥，俗称厩肥。既可使秸秆废弃物得到无害化处理，又可以通过生物有机肥增产增效，实现生态效益和经济效益的统一。

秸秆养殖垫料肥料的制作主要有堆制发酵和微生态制剂发酵2种形式。

(1) 堆制发酵。秸秆养殖垫料堆制发酵技术与秸秆高温积肥技术类似，就是将秸秆腐熟发酵为有机肥。

秸秆养殖垫料堆制发酵分为两个阶段：一是前发酵，在禽舍内进行，秸秆与动物粪尿结合，在通风情况下进行有氧发酵；二是后发酵，经过有氧发酵的半成品送到后发酵工序，可在发酵装置（堆垛、发酵池、容器）内进行，将尚未分解的易分解有机物和较难分解的有机物进一步分解，使之变成腐殖酸、氨基酸等稳定的有机物，得到完全腐熟的有机肥制品。然后可根据需要将其进一步干燥、粉碎，继而加工成作物专用的有机—无机复合肥。

(2) 微生态制剂发酵。秸秆养殖垫料微生态制剂发酵肥料是以秸秆养殖垫料包括鸡粪和农作物秸秆为主原料，应用多种复合酶菌进行发酵生产而成的，又称为绿色生态有机肥。复合酶菌是由能产生多种酶的耐热性芽孢杆菌群、乳酸菌群、双歧杆菌群和母菌群等有益微生物组成的微生态发酵制剂，对人畜无毒、无污染，使用安全，能固氮、解磷、解钾，同时能分解化学农药及化肥的残留物质，对种植业和养殖业有增产、优质、抗病的作用。

制作过程：先将秸秆垫料清出动物舍，适当晾晒，混匀，如果垫料中秸秆含量较高可适当添加一些动物粪便，一般发酵要求45%的含水量，也就是手捏成团，手指缝见水，但不滴水，松手一触即散；然后添加玉米面和菌种，玉米面的作用是增加糖分，供菌种发酵用，使复合酶菌很快占绝对优势；然后将配好的混合料加入搅拌机进行搅拌，搅拌一定要匀，要透，不留生块；将搅拌好的原料堆垛，上面覆盖薄膜或干草进行好氧发酵堆制，堆制5天成肥。

这种绿色生态有机肥有机质含量可达45%以上，是一种营养全面的有机肥料。如果再针对性地配以不同元素，便会形成蔬菜、花卉、果树和粮棉油等各种作物的系列专用肥。经充分腐熟后的有机肥气味芳香，质感疏散，便于施用，制粒后还可机械施用。以前提起有机肥就联想起令人不快的“脏”“黏”“臭”的现象彻底得到改观，极大地改善了农民朋友的工作环境。

（三）秸秆制沼后废渣还田

将农作物秸秆以及人畜粪尿在厌氧条件下发酵产生出以甲烷为主要成分的可燃气体就是沼气，沼气发酵后的沼渣和沼液称为沼肥。它是在密闭的发酵池内发酵沤制的，水溶性大，养分损失少，虫卵病菌少，具有营养元素齐全、肥效高、品质优等特点，可以作为一种廉价、优质的高效肥料使用，是无公害农业生产的理想用肥。

沼肥除了含有丰富的氮、磷、钾等元素外，还含有对农作物生长起重要作用的硼、铜、铁、锰、钙、锌等微量元素，以及大量的有机质、多种氨基酸和维生素等，而且重金属含量低。

施用沼肥，不仅能显著地改良土壤，确保农作物生长所需的良好微生态环境，还有利于增强其抗冻、抗旱能力，减少病虫害。

（1）沼渣施肥。沼渣作为有机肥料用于果树，产果率增加，果型美观，商品价值高，可以减轻果树病虫害，降低成本，经济效益显著。完全用沼肥种出的果树，是一种无公害绿色的水果。在冬季将沼渣与秸秆、麸饼、土混合堆沤腐熟后，分层埋入树冠滴水线施肥沟内。长势差的应重施，长势好的轻施；衰老的树重施，幼壮树轻施；着果多的重施，着果少的轻施。推荐用量为：幼树每株4~8千克；挂果树每株施人沼渣50千克或沼液100千克左右。

沼渣种菜，可提高抗病虫害能力，减少农药和化肥的投资，提高蔬菜品质，避免污染，是发展无公害蔬菜的一条有效途径。用作基肥时，视蔬菜品种不同，每亩用1 500~3 000千克，在翻耕时撒入，也可在移栽前采用条施或穴施，作追肥时，每亩用量是1 500~3 000千克，施肥时先在作物旁边开沟或挖穴，施肥后立即覆土。

栽培食用菌，用沼渣与基料堆沤可以生产优质食用菌。沼渣富含速效养分，出菇快，菇球均匀整齐鲜嫩，质量好，产值高。沼渣无病菌，上菇床后无杂菌，省功省事。用沼渣菇料栽培食用菌，产量可提高30%。

（2）沼液施肥。沼液是一种溶肥性质的液体，其中不仅含有较丰富的可溶性无机盐类，同时还含有多种沼气发酵的生化产物，具有易被作物吸收及营养、抗逆等特点。使用沼液喷洒植株，可起到杀虫抑菌的作用，减少农药使用量，降低农药残留。

在果园施用沼液时，一定要用清水稀释2~3倍后使用，以防浓度过高而烧伤根系。幼树施肥，可在生长期（3—8月）之间施沼液。方法是：在树冠滴水线挖浅沟浇施，每株5千克，取出沼液稀释后浇施或浇施沼液后再用适量清水稀释，以免烧伤根系。每隔 15 天或 30 天浇施一次沼液肥。

沼液用作蔬菜追肥，在蔬菜生长期间，可随时淋施或叶面喷施。淋施每亩 1 500~3 000 千克，施肥宜在清晨或傍晚进行，阳光强烈和盛夏中午不宜施肥，以免肥分散失和灼伤蔬菜叶面及根系。做叶面追肥喷施时，沼液宜先澄清过滤，用量以喷至叶面布满细微雾点而不流淌为宜。要注意夏季中午不宜喷施，雨天不宜喷施。

（四）秸秆过腹后还田

农作物秸秆可通过切碎、青贮、氨化、压块和微生物发酵等多种方式制成饲料用于养殖，动物采食饲料后经过代谢排出粪尿作为肥料还田。

某些农作物秸秆如水稻秸秆是动物尤其是反刍动物理想的粗饲料，为反刍动物提供营养，是理想的越冬饲料。农作物收获时，取其秸秆的上梢青绿部分与其他的青饲料混合放入密闭容器中经过微生物发酵而得到青贮饲料，青贮饲料是牛羊等反刍动物理想的饲料。收获的农作物秸秆还可以进行氨化、碱化处理，转变为质地柔软、营养价值高的饲料。在农作物秸秆中，加入微生物高效活性菌种（秸秆发酵活干菌），放入密封的容器中贮藏，经过一定的发酵过程即为秸秆微贮饲料，是一种营养成分全、味香可口的营养饲料。

秸秆过腹还田，不仅可以节约饲料、降低养殖成本以及提高动物的生产性能，还可为农业生产提供大量无害的有机肥，降低农业成本，促进农业生态良性循环。这种模式实现了“秸秆—饲料—肥料—秸秆”的良性循环，是秸秆综合利用的理想模式之一。

二、秸秆直接还田

近年来，秸秆直接还田正在成为农作物肥料化利用的主要方式，是一项高效、省时省工的有效措施，易于被农民接受和推广，在新农村生态建设中发挥着重要的作用。秸秆直接还田是指农作物收获后将部分或全部农作物秸秆直接耕翻入土，秸秆在土壤中腐解转化为肥料。农作物秸秆作为肥料直接还田能有效地增加土壤有机质含量，改良土壤，培肥地力，特别对缓解我国氮、磷、钾肥比例失调的矛盾、弥补磷、钾肥力不足有着十分重要的意义；农作物秸秆还田还可优化农田生态环境，提高了土壤蓄积雨水的能力，减少了径流损失，最大限度地保存和利用了自然降水，尤其是以覆盖还田效果最好；农作物秸秆还田是节本、增效、增肥、沃土工程的有效途径，成为旱作农业区改土、保水、增产和改善生态环境必不可少的一项实用技术。秸秆直接还田与各种机械、播种、耕作、施肥等农艺技术结合，把机械还田、科学施肥、播种以及施药相结合，使多项工序一次完成，提高生产效率，加速腐解，真正达到还田、施肥、灭虫、省工、节本的综合目的能发挥出显著的生态和经济效益。

秸秆直接还田技术可以分为粉碎还田和整秆还田两大类。粉碎还田包括各类作物的秸秆粉碎和根茬（主要指玉米等大根茬）粉碎还田技术，目前应用范围较广、面积较大的是指利用秸秆粉碎机将收获后的玉米、小麦等农作物秸秆就地粉碎并均匀抛撒在地表，随即用犁耕翻深埋，此种秸秆还田方式可将作物根茬粉碎后直接均匀混拌于0~10厘米耕层中，作业量可达到播前除茬整地的要求，同时防止土肥流失，有利于改良土壤和减少病虫危害。整秆还田主要指玉米、水稻和小麦的整秆覆盖技术，采用秸秆机械化整秆翻埋或机械化整秆覆盖的方式，将作物秸秆不经粉碎直接耕翻埋入土中或覆盖在地面，此种还田方式具有抗旱保墒、减少作业环节等特点。上述两种方法，整秆还田与粉碎还田相比，减少了机具购置费用和机具进地作业次数，降低了作业成本，在旱地中，能够增加土壤有机质含量和土壤含水率，但秸秆腐烂分解的速度较为缓慢，在水田中应用效果较好。

目前，秸秆直接还田主要集中于我国北方小麦—玉米产区和南方水稻产区。

（一）北方小麦—玉米两熟区秸秆还田

小麦—玉米两熟区主要集中在我国北方黄淮海平原地区，农耕特点是一年两熟，上茬为冬小麦，下茬为玉米，形成麦玉两熟制，也有麦棉、麦大豆、麦甘薯两熟制。小麦—玉米两熟区秸秆还田模式包括小麦接茬平播玉米作物秸秆全量还田、麦田套种玉米作物秸秆全量还田以及小麦接茬平播玉米秸秆部分还田等模式。

（1）小麦接茬平播玉米作物秸秆全量还田。我国北方地区实行小麦—玉米两熟制，作物更替季节性很强，降水差异较大，借助免耕、直播等技术实行秸秆还田是可行的。该技术分为两部分，夏收小麦秸秆还田和秋收玉米秸秆还田。

①小麦秸秆还田。这种模式多是夏收小麦。用联合收割机收割小麦的同时切碎小麦秸秆，将秸秆铺撒在田地上，匀平。在铺撒秸秆的田地上，施加基肥，采用免耕播种的方法直播玉米。

小麦秸秆全量还田模式，是一种机械化模式，对机械的要求很高。要求做到农机与农艺的紧密结合，采用免耕直播种植，生产效率高。

②玉米秸秆还田。玉米秸秆还田有两种形式，玉米秸秆切碎翻耕还田和玉米秸秆整株翻耕还田。

玉米秸秆切碎翻耕还田的作业程序：联合收割机收割玉米，摘穗、剥皮，同时切碎秸秆铺撒于地面；地面撒施底肥，灭茬耙地，机械翻耕将玉米秸秆翻埋入土，平整田地；机械播种小麦，同时施加基肥，播种后镇压，利于出苗。

玉米秸秆整株翻耕还田的作业程序：收割玉米，人工摘下玉米穗，运出田外，直立的秸秆留在田地；撒施底肥，调节土壤碳氮比，机械翻耕将玉米秸秆翻埋入土，平整田地；播种小麦，同时施加基肥，播种后镇压，利于出苗。

这种模式是将小麦收割后运用小麦秸秆覆盖免耕播种玉米，而玉米收获后实行翻耕秸秆还田再条播小麦。适宜于农业机械化程度较高以及农村经济实力较雄厚的地区，生产效率高，但机械成本较高。

（2）麦田套种玉米作物秸秆全量还田。黄淮流域是我国典型的两熟区，结合套播技术实行秸秆的全量还田。

作业流程为：小麦播种→小麦收割前 7~10 天套种玉米→收割小麦→切碎的秸秆还田→除草、施肥→人工收割玉米摘穗→玉米秸秆粉碎→施肥→灭茬→翻耕或旋耕→耙地→施肥、播种小麦。

①小麦机械化播种，采用“播三行留一行”的方式，一般每隔 3 行小麦预留 30 厘米的套种行，为套种玉米留下空间。

②小麦收割前 7~10 天，在麦行中套播玉米，一般采用人工点播器播种。这种方法可以为玉米争取 7 天左右的生长期，同时也解决了传统播种方式因大量小麦秸秆还田后玉米播种的难题。

③收割小麦，秸秆还田。一般选用联合收割机收割，并配套粉碎秸秆抛撒还田，整套操作由机械完成。此时玉米出苗有 2~3 片叶，不怕机械碾压。

④玉米秸秆还田。人工收割玉米，摘穗并将玉米穗运出田间，玉米秸秆粉碎机粉碎玉米秸秆，同时打碎根茬，施加底肥，机械翻耕将玉米秸秆翻耕入土，翻耕深度 20 厘米左右，也有些地方实行旋耕方式，使用旋耕翻土时至少要 2 遍作业，深度 10~15 厘米。同时配以施肥、浇水等技术，促进小麦的播种。

这种模式既能保证秸秆的全量还田，还能延长玉米的生长期，是麦玉两熟区理想的秸秆还田方式，便于推广。

（3）小麦接茬平播玉米作物秸秆部分还田。小麦接茬平播玉米作物秸秆部分还田模式在我国黄河、海河流域较流行，该地区农村经济基础相对不是很强、机械化程度较低。该模式是指收割小麦时，将小麦秸秆根茬还田，而玉米秸秆全量还田。作业程序如下。

①小麦秸秆部分（根茬）还田。人工或机械收割小麦，秸秆上半部分连同小麦籽粒一同运出麦田，小麦秸秆的下半部分留茬于田间。人工或机械灭茬，播种玉米。

②玉米秸秆全量还田。人工或机械收获玉米，切碎玉米秸秆均匀覆盖于地面，施肥、浇水，然后用机械翻耕将秸秆埋入地下。

该方法操作简单，成本较低，但工作效率低。

（4）小麦—玉米两熟区秸秆还田的相关配套技术。

①小麦联合收割技术。小麦联合收割技术是小麦秸秆还田的基本环节，其关键在于小麦联合收割机的应用。联合收割机配有秸秆粉碎以及铺撒装置，在收割小麦的同时完成秸秆的粉碎与铺撒，这样就可以完全实现小麦秸秆的全量还田。相对于单一功能的小麦收割机，这种联合收割机成本要高。

②玉米套种技术。在小麦收割前套种玉米，是秸秆全量还田模式中的一个重要环节。该技术要求在麦田套种玉米时不能损坏麦苗，同时在用收割机收割小麦时不能压坏玉米苗，难度颇大。在面积较小而不适宜大型机械的田地，实行半机械化套种，人拉式套耧播种。在平坦的麦田，可使用全程机械化套种，根据小麦玉米种植行距与农机作业定位运行技术，运用配套的专用窄轮高架套播机，由小拖拉机牵引。

③玉米秸秆粉碎技术。玉米秸秆粉碎的质量直接关系到整地质量、小麦播种以及小麦出苗情况。玉米秸秆粉碎还田机的品种有很多，如附带破茬功能的秸秆切碎灭茬机，增加了旋耕装置，在粉碎秸秆的同时，可将地表以下 5 厘米内的根茬切碎，土壤旋松。还有与小四轮拖拉机配套的小型悬挂式双立轴多刀

组结构的秸秆切碎还田机。根茬粉碎还田机，这类机具灭茬旋耕深度可达10厘米，可将根茬粉碎后直接均匀地混合于地表10厘米的耕层中，作业质量可达到播前除茬整地的要求。还有配套小麦联合收割机的秸秆根茬粉碎机，在安装割台的位置安装上秸秆根茬粉碎机，实现了一机多用。

④田间管理技术。无论是玉米秸还是麦秸，若直接翻压还田，一般是全部秸秆还田，如果用麦秸覆盖还田，施用量以每亩300千克左右为宜，以盖严为标准。施用量过少，盖不严地面，起不到保墒和抑制杂草的作用；施用过多，秸秆不易腐烂，给耕翻带来困难。

秸秆还田在土壤中腐解时，要吸收土壤中原有的氮、磷和水分，因此，当底肥不足时，就会出现秸秆腐解与作物争水、争肥现象，影响作物生产发育。另外，由秸秆腐解转化而来的有机肥碳氮比不当，作物利用率不高。为此应施加一定量的氮肥，一般每公顷还田秸秆7 500千克，需施67.5千克氮肥和22.5千克纯磷肥或施300~750千克速效氮肥或150~225千克尿素，以便加快秸秆腐解，尽快变成有效养分。

玉米秸秆还田后，在土壤中腐解时需水量较大，如不及时补水，则不仅腐解缓慢，还会与麦苗争水。土壤水分状况是决定秸秆腐解速度的重要因素，因此小麦播种前要浇足塌墒水、以消除土壤架空，促进秸秆腐解。要浇好封冻水，这对当季秸秆还田的冬小麦尤为重要。来年春季要适时早浇返青水，促进秸秆腐解，保证麦苗正常生长发育所需的水分。

另外，要注意除草、防病虫害等。

（二）南方稻区秸秆还田

我国南方稻区分为麦稻两熟区和双季稻区。麦稻两熟区主要分布于江淮平原以及西南地区，双季稻产区主要分布在长江以南各农区。还田模式与经济发达程度、机械化水平、播种方法以及耕作制度有关，在南方各地经济发展程度差异较大，形成了不同的还田模式。主要有麦稻两熟秸秆全量还田模式、麦套稻秸秆留茬覆盖全量还田模式和双季稻区劳力密集型秸秆还田模式等。相对于我国北方麦玉两熟区，南方稻区秸秆还田的难度会更大。主要原因是：收获季节往往会遇到阴雨天气，稻茬土壤湿度较大，操作不当会造成种子腐烂；水田操作对机械要求要高。

（1）麦稻两熟秸秆全量机械还田模式。麦稻两熟秸秆全量还田模式主要集中在长江中下游流域，该区域经济发达，机械化水平较高，可操作性高。该区实行麦稻两熟制，一般是上茬为小麦或油菜，下茬为水稻，秸秆还田模式分为夏季小麦秸秆还田和秋季水稻秸秆还田两部分。

①作业程序。夏季小麦秸秆还田的作业流程为：机械收割小麦→留茬→机械打碎麦秸→挑匀秸秆→施加底肥—机械翻耕秸秆埋入地下→水沤→施肥→水耙压草→移栽水稻。

夏季小麦秸秆还田是从小麦成熟时开始。用收割机收割小麦脱粒，收割时留茬高度 20~30 厘米，同时将小麦秸秆粉碎置于田间；麦收后将田间的麦秸挑匀，避免麦秸成堆而影响水稻的生长；根据当地土壤地质条件施加氮肥（碳酸氢铵）作为基肥，施肥后立即翻耕埋草，翻耕深度大约 20 厘米；耕后晾 1 周左右，将秸秆沤腐转为肥料。施加复合肥，用水田驱动耙进行耙田压草，直至田面不见露出的秸秆为止，移栽水稻。

秋季水稻秸秆还田的作业流程为：机械收割水稻→机械打碎稻草→耙匀稻草→施基肥→机械旋耕秸秆埋入地下→播种小麦。

秋季水稻秸秆还田根据天气情况，可分为旋耕和高茬覆盖等形式，以旋耕法为例介绍稻草还田的作业流程。在水稻成熟时用收割机收割，同时将水稻秸秆粉碎置于田间，并用人工耙匀水稻秸秆；施加基肥，用旋耕机旋耕将水稻秸秆埋入地下，旋耕深度大约 10 厘米。

②配套技术。夏季小麦秸秆还田是麦稻两熟秸秆全量还田模式的关键部分，需要掌握一些相关的综合配套技术。机械作业，提高水田整地质量，要确保水稻栽秧前田地平整，要求秸秆翻埋均匀，用水田驱动耙进行耙田压草要平整；施加底肥，由小麦秸秆腐解而来的肥料碳氮比例不当，需要施加碳酸氢铵等氮肥作为补充；在水稻返青及分蘖期应采取间隙灌溉的方法，调节土壤氧化还原状况，防止水田还原物质对水稻根系的损坏。

秋季水稻秸秆还田，首要的是要防止小麦倒伏。重点掌握以下配套技术：水稻机收时碎草质量要保证，要将水稻秸秆全株切碎，切碎长度要均匀；根据土壤状况和还草量确定适宜的旋耕深度，一般10厘米左右，土壤质地轻的田地旋耕深度要深一些，黏质土壤则要浅一些，还草量多时旋耕要深，还草量少则采用浅旋；可以适当延迟小麦播种时间，采用开沟覆土等措施防止小麦受冻。

麦稻两熟秸秆全量还田模式与其他模式相比较具有以下优点：机械化作业效率高，节约劳力；秸秆全量还田，有效防止多余秸秆对环境造成污染；秸秆还田的质量明显提高。当然，麦稻两熟秸秆全量机械还田模式适用于农村经济基础好、农业机械化水平高的地区，在多数经济基础差以及农业机械化水平低的地区很难应用，山区也不适宜机械化操作，因此这种模式不便于大面积推广。

（2）超高茬麦田套稻秸秆还田。超高茬麦田套稻秸秆还田是长江三角洲麦稻两熟区推行的一项先进技术。是指在小麦灌浆中后期，将处理后的稻种直接撒播在麦田，与小麦形成一定的共生期，麦收时留高茬秸秆全量还田。

技术流程如下：稻种处理→小麦收割前2周左右撒播稻种→收割小麦→留高茬→切碎的秸秆还田→除草→灌水→施肥→收稻→水稻秸秆还田。

①稻种预处理。首先选择前茬为稻茬免耕麦田，要求排灌

自如。选取品种优良的水稻种子，在播种前进行晒种，在播种前2~3天用水浸泡，至种子破胸露白为止。然后进行包衣处理，目的是增加种子重量，套播时能下落到田面。做法是：先将水稻种子淋水后摊放在平地上，按照种子与泥浆2∶1的比例搅拌均匀，再加入相当于稻种2倍重的干土充分拌匀成颗粒状。

②播种。在小麦收割前2周左右，将处理好的稻种均匀撒播于麦田。这时天气往往比较干燥，播种当天要灌溉麦田以达到齐苗的目的，灌水后要速排。

③收割小麦以及秸秆还田。人工或机械收割小麦，留茬30厘米，粉碎小麦秸秆均匀覆盖于田面。如果秸秆量过大，可以将少量的秸秆就近埋入麦田套沟内，有利于后茬稻田套麦作底肥。

④田间管理。除草，运用物理、化学以及生物方法清除不同类型的杂草。灌溉，施肥，收割水稻。下茬可以采用稻田套麦、水稻秸秆还田的模式。

（3）双季稻区水稻秸秆还田。双季稻产区主要集中在我国长江中下游地区，实行一年三熟或一年两熟的复种制。根据不同地区的土壤、气候以及农村经济基础状况，水稻秸秆还田实行部分秸秆还田和整杆还田。双季稻区水稻秸秆还田方式包括早稻秸秆翻压还田、早稻秸秆覆盖还田免耕栽培晚稻以及早稻秸秆高留茬部分还田。

①早稻秸秆翻压还田。早稻收割后，将部分新鲜的水稻秸秆均匀抛撒在田面，然后施加氮肥作基肥（每亩田施加碳酸氢铵50~80千克），再用牛或拖拉机犁翻，将稻草秸秆翻埋于泥土中，耙平后移栽晚稻。

这种方法能将水稻秸秆腐解为有机肥料，为晚稻的生长提供养分，但在秸秆腐解早期微生物会和晚稻苗争肥，影响水稻的早期生长。所以，这种还田方式要严格控制秸秆还田的数量，每次翻压水稻秸秆的数量为收割总量的1/3~2/3。

②早稻秸秆覆盖还田。免耕栽培晚稻早稻后期搞好田间水分管理，做到干湿灌溉，保持田地泥土软而烂，以利于插秧。早稻采用齐田面收割，早稻收割后将新鲜的水稻秸秆撒于田间，免耕。施加氮肥和钾肥（每亩田施加碳酸氢铵30千克、氯化钾7~8千克）作为晚稻的基肥，把晚稻苗直接插在早稻茬的中央，喷洒灭草剂。1周左右稻草秸秆就会腐解为有机肥料。

这种模式具有节水、省工、增肥改良土壤的作用，并且操作简便，便于推广。但是，要注意免耕栽培最适于黏性土壤，而沙性土不适宜。

③早稻割穗留高茬秸秆还田。在早稻收割时，采用留高茬撩穗收割，在割禾时，将植株的1/2~2/3留在稻田，用筐等工具装稻穗。早稻收割后，每亩地施加磷肥50~80千克，采用牛犁翻田或拖拉机翻耕，将水稻秸秆翻入地下，耙平后移栽晚稻。

这种模式，劳动强度不大，操作简单，适宜于机械使用受限制的山区和丘陵地区。

三、秸秆覆盖还田

秸秆覆盖技术是将农作物秸秆或残茬进行适当处理后覆盖于地表，并综合采用少耕、免耕、选用良种、平衡施肥、防治病虫害和模式化栽培等多项配套技术，达到蓄水保墒、改土培肥、减少水土流失以及增产增收的目的。同地膜覆盖比较，秸秆覆盖具有成本低、就地取材、方法简单、易于大面积推广应用等优势，是保护性耕作技术的关键技术措施之一，促进了农业节水、省肥、增产、增效、环保和可持续发展。近年来在我国北方大面积推广，已获得显著的经济效益。

秸秆覆盖还田具有以下优点：

（1）增加雨水入渗，减少地表径流和蒸发，蓄水保墒，提高水分利用率，增强农作物抗旱的能力。玉米秸秆覆盖地表后，能够有效地遮挡阳光直射地表，阻挡和减少土壤水分的扩散和蒸发，避免和减少了降水对地表的直接溅击，防止雨水对地表直接冲击造成的土壤渗水毛细管封闭、渗水能力下降、水土流失和环境恶化，降水通过秸秆渗漏地表，减少地表雨水径流，最大限度地蓄存雨水，增加了降水入渗率，从而保护地表减少龟裂和板结。

（2）调节地温，稳定土壤温度。秸秆覆盖处理由于秸秆均匀地铺撒在地面，既可减少太阳对地表的辐射，又可减弱地面向大气的有效辐射，使土壤冬季增温、夏季降温，地温日变幅小。有利于越冬作物安全越冬，夏季可减少作物蒸腾，增强作物的抗旱能力。

（3）提高土壤肥力，减少化肥用量，提高粮食产量和品质。下茬作物播种时将秸秆翻入土中，秸秆分解腐烂，可增加土壤有机质含量，改善土壤结构，增强土壤的生物活性效应，提高了土壤的肥力。

（4）抑制杂草，减少病虫危害。由于秸秆的遮阴和机械压抑作用，降低杂草的发芽率和生长势，减少田间杂草的生长量和生长强度；秸秆内寄生有大量虫卵和病菌，覆盖地表通过长时间阳光紫外线辐射和夏天高温、冬天严寒灭杀，可有效地抑制病虫害的发生。从而起到净化土壤、保护生态环境的作用。

秸秆覆盖适用于干旱、半干旱和半湿润地区的旱地和补充灌溉的一年一熟和一年两熟的大田作物，也适用于这些地区的果树、蔬菜和经济作物。

秸秆覆盖还田根据农田作物收获时间可分为休闲期覆盖和生育期覆盖两种，在作物成熟收获后覆盖称为休闲期覆盖，在作物生育期间覆盖称为生育期覆盖。农田休闲期覆盖是在作物收割后及时翻耕灭茬，整地后随即将秸秆均匀地覆盖在地面上，结合整地施氮、磷肥。作物生育期覆盖可在作物出苗前、小麦开始越冬后和返青前覆盖。冬前和返青前覆盖，应在覆盖秸秆前耧土施肥（氮肥），并将地面平整后，把秸秆均匀地覆盖在地面上，待小麦成熟收获后，将秸秆翻压还田。经研究比较，比较适宜的是全程覆盖，也就是在作物收割的基础上，实行农田休闲期和作物生长期的全程覆盖，覆盖效果好。

秸秆覆盖还可根据作业方式分为粉碎覆盖还田和直茬覆盖还田两种。

（一）粉碎覆盖还田

农作物收获后用机械对其秸秆直接粉碎后覆盖于地表称为粉碎覆盖还田。秸秆粉碎覆盖地表效果好，便于播种，操作简便。同时将粉碎覆盖与免耕、浅耕以及深松等技术结合，形成保护性耕作，能有效培肥地力，蓄水保墒，防止水土流失，保护农业生态环境，降低生产成本，实现农业的可持续发展。

（1）要结合农田、作物和农时等确定合理的覆盖时间。冬小麦生产中的覆盖要在入冬前覆盖，可提高地温，使分蘖节免受冻害，同时减少水分蒸发，促进小麦生长发育。秋作覆盖以作物生长期覆盖为好，如玉米应在 7~8 叶展开时覆盖。春播作物覆盖秸秆的时间，春玉米以拔节初期为宜，大豆以分枝期为宜。

（2）制定合适的作业工序。不同的作物、不同的地质条件、不同的耕作模式，要选用不同的作业工序。目前，秸秆粉碎还田主要有小麦秸秆粉碎还田覆盖和玉米秸秆粉碎还田覆盖等方式。

①小麦秸秆粉碎还田覆盖。借助联合收割机、秸秆还田机和秸秆铡草机等机械收获小麦，将秸秆粉碎后均匀地抛撒于地表，作业要求以达到小麦免耕播种作业要求为准。

②玉米秸秆粉碎还田覆盖。用联合收割机等机械收获玉米，将秸秆粉碎（粉碎长度要均匀一致，以不超过 10 厘米为宜）后抛撒地表。一年两作玉米套种区，联合收获后麦草覆盖玉米行间，辅助人工作业，以不压不盖玉米苗为准；玉米直播区，可采用联合收割机自带粉碎装置，以达到免耕播种作业要求为准。

覆盖材料可以用麦秸、麦糠，覆盖量为每亩 250~300 千克，也可以用粉碎成 3~5 厘米长的玉米秸，覆盖量为每亩 350~400 千克。覆盖时把秸秆均匀地撒在棵间或行间，春玉米田覆盖秸秆前应结合中耕除草，并追施一定量的氮肥。如秸秆量过大或地表不平时，粉碎还田后可以用耙进行地表土壤平整。

（3）秸秆粉碎覆盖技术在农业生产中的应用。秸秆粉碎覆盖还田与免耕、浅耕等技术结合，是目前农耕中较先进的技术，能形成高质量的保护性耕作。以小麦、玉米套播一年两作模式为例，其作业程序为：玉米套播→小麦联合收获→灌溉和田间管理→玉米人工或机械收获→秸秆还田覆盖地表→深松或地表处理（2~4 年一次，视土壤容重和地表覆盖物情况定）→小麦免耕播种→喷洒除草剂→灌溉和田间管理。

秸秆粉碎覆盖还田具有保水、增肥等优点，要尽可能地将秸秆留在地面。但是秸秆覆盖量过多或秸秆粉碎的粒径太大，可能会造成播种机堵塞和阻碍作物的生长；如果秸秆堆积不均匀或地表不平，又可能影响播种均匀度，从而影响质量。因此，在实际操作中需要进行如秸秆粉碎、秸秆撒匀、平地等作业。在作物生长期覆盖，作业过程中还要有意识地保护作物禾苗。

（二）直茬覆盖还田

主要应用于小麦、小麦—玉米、小麦—水稻等产区，是指机械收获小麦时，留高茬，然后将麦秆覆盖地表面。秸秆直茬覆盖和免耕播种相结合，蓄水、保墒、增产效果明显，生产工序少，生产成本低，便于抢农时播种。

（1）小麦留茬覆盖还田。由于我国北方尤其是西北农区气候干旱，将一熟区小麦留茬覆盖与免耕或少耕结合是一种比较理想的模式。

技术流程如下：小麦收割（留茬高度 15 厘米以下），在麦田休闲期将经过辗压处理的麦秸均匀覆盖于地表，然后压倒麦茬并压实麦秸，施肥，浅耕，播种（播种时顺行将覆盖的麦秸收搂成堆，播种结束后再把收搂的秸秆均匀覆盖于播种行间）直到收麦，收麦时仍留茬15厘米，重复以上作业程序连续2~3年后，深耕翻埋覆盖的秸秆，倒茬种植其他作物。

一熟区小麦留茬全量覆盖除了具有蓄水保墒、防止水土流失以及保护土壤等优点，还有一个优越之处是小麦收割后留下较高的麦茬既减少了搬运麦秸的工作量，还能起到阻止大风吹走田间地表覆盖秸秆的作用。这种方式非常适合于干旱和水土流失严重农区，但是，相对而言，这种方式更加耗费人力。

(2) 麦田套种玉米的秸秆留茬覆盖还田。麦田套种玉米在我国黄淮平原农区较为普遍，套种是我国农艺中优异的技术之一。

技术流程如下：麦田中每播种3行小麦预留1行约30厘米宽作为套种行，于小麦收割前1周左右进行玉米套种，喷洒除草剂；用机械收割小麦，收割脱粒后，将麦秸顺行撒在玉米行中间，隔2行玉米撒1行麦秸，麦秸自然覆盖于地面；玉米收获后，秸秆呈半腐烂状态，随玉米秸秆一同翻入土中。

麦田套种玉米麦秆留茬覆盖还田能使麦秸自然还田，不需要切碎秸秆，也不需要灭茬处理，相比较而言，能节省大量劳力，并且工序简单，便于推广。但是，这种方式对机械化要求较高，不适于经济欠发达的农区。另外一个问题是，收割小麦时玉米已经出苗，麦秸覆盖很容易压坏玉米苗。

(3) 麦田套种水稻的秸秆留茬覆盖还田。麦田套种水稻常见于我国南方稻区，麦田套种水稻麦秆留茬覆盖还田技术是麦秸全量覆盖还田与免耕套种相结合的一项栽培新技术。留高茬即是在农作物成熟后，用联合收割机或割晒机收割作物籽穗和秸秆，割茬高度控制在小麦、玉米，20~30厘米，残茬留在地表不做处理，播种时用免耕播种机进行作业。

技术流程如下：于小麦收割前2~3周，将用河泥包衣的稻子均匀撒播于麦田，用机械收割小麦，留茬30厘米左右，收割脱粒后，将麦秸覆盖于田地上，麦秸较多时，可以将多余的麦秸压入麦田沟内。

这种留高茬覆盖方式的优点是：便于机械操作；增加秸秆还田量；减轻机械对稻苗的损坏。存在的问题是水稻与小麦同时生长，给田间管理带来难度。

除了以上常见的直茬覆盖还田技术外，有些农区还进行了另外的探索，如长江地区稻套麦稻秸留茬覆盖还田和湖南双季稻区早稻秸覆盖还田等。

在风蚀严重及以防治风蚀为主且农作物秸秆需要综合利用的地区，实施保护性耕作技术可采用机械收获时留高茬秸秆覆盖与免耕播种作业相结合的处理方法。同时要结合一些配套技术如防治病虫害、除草、平衡施肥、配备专用机具等提高劳动效率。在实际操作中要注意：为提高秸秆的腐烂效果，满足其腐烂过程中对水分的需要，尽量做到就青覆盖；覆盖行与空行的宽度，可根据各地种植习惯和秸秆覆盖量适当调整，但要与耕作机械配套，以便于机械化作业；一般在秸秆首尾交接处压土，风较大的地区每隔 1 米可再压少量土；玉米整秆半耕半覆盖或免耕半覆盖的田块，每隔 3~5 年应深耕一次，以解决土壤养分上下不均及耕作层变薄的问题；秋冬连续性干旱，春旱严重时，可采取整秆移位借墒。二元双覆盖可采用旧膜重用、错位播种的办法，以保全苗。

第二节　秸秆饲料化利用

秸秆饲料化是将秸秆经过青贮、氨化、微处理后饲喂畜禽。通过畜禽过腹还田，是一种具有较高综合效益的秸秆利用模式，受到农户的普遍欢迎。但由于秸秆饲料的营养局限性，严重影响了家禽对秸秆饲料的采食及消化，因此必须通过秸秆的综合预处理及添加营养物质来提高秸秆饲料的营养价值。

一、秸秆饲料的处理方式

目前，秸秆处理的方式主要有物理处理、化学处理和生物学处理，而其中又可以细分成许多种具体的方法。

（一）物理处理法

1. 秸秆的机械处理

机械处理是指把秸秆切短、粉碎、揉搓或压块等，通过改变秸秆的物理性状来提高牲畜对秸秆饲料的采食量，进而提高秸秆饲料的利用率。

（1）切短。是秸秆进行其他处理的预处理，是最简便而重要的处理方法。经切短的秸秆不仅便于动物咀嚼，减少能耗，而且还可以减少饲料浪费，便于同其他饲料混合。

（2）粉碎。粉碎使秸秆横向和纵向得到破坏，扩大粉碎料和微生物接触面，有利于细菌集群和消化，提高秸秆的消化率。

（3）揉搓加工。揉搓加工是通过对秸秆精细加工，使之成柔软的丝状物，质地松软，能提高牲畜的适口性、采食率和消化率。

（4）压块。粗饲料压块机可将秸秆和饲草压制成高密度饼块，其压缩比可达1∶5甚至1∶15。这样可大大减少运输与储存空间，若与烘干设备配套使用，可压制新鲜牧草，保持其营养成分不变，并能防止霉变。高密度饲饼用于日常饲喂、抗灾保畜及商品饲料生产均能取得很大的经济效益。

（5）碾青。秸秆碾青是将秸秆铺于打谷场上，厚度30~40厘米，其上铺同样厚的青料，青料上再铺一层同样厚的秸秆，然后用石磙碾压。被压扁的青料流出汁液由秸秆吸收，压扁的青料在夏天经12~24小时的暴晒就可干透。其意义是可较快地制成干草，减少营养素的损失；茎叶干燥速度一致，减少叶片脱落损失；还可提高秸秆的适口性与营养价值。

2. 秸秆软化

常用的方法有浸湿软化和蒸煮软化两种。蒸煮软化可以使稻秆的适口性得到改善，但不能提高其营养价值。蒸煮软化需要燃料，加工成本大，使用不多，已被其他加工方法取代。浸湿软化是用水或食盐水将秸秆浸湿软化，或加入少量精料进行拌和调味。

3. 热喷处理

将秸秆放入膨化机中，经一定时间的高温、高压、水蒸气处理，然后突然降压迅速排出，从而改变秸秆中粗纤维结构和某些化学成分，提高适口性、采食量和消化率。此方法一次性投入大，设备安全性、耐久性差，不易在养殖实践中推广使用。目前报道的秸秆膨化方法为罐式膨化法，即热喷处理法。

4. 颗粒化处理

颗粒化技术是将秸秆经粉碎揉搓之后，根据用途设计配方，与其他农副产品及饲料添加剂搭配。这种秸秆颗粒饲料的特点是将维生素、微量元素、非蛋白氮、添加剂等成分强化进注颗粒饲料中，提高营养物质的含量，使饲料中各种营养元素平衡，并改善了适口性，从而提高动物采食量和生产性能。该技术操作简单，实用性强，是一项值得推广的实用技术。随着饲料加工业和秸秆畜牧业的发展，我国的秸秆饲料颗粒化方面有了很大进展，秸秆饲料颗粒化成套设备相继问世，秸秆颗粒饲料喂牛已开始用于生产。

5. 射线照射

射线照射处理是利用 γ 射线等照射低质秸秆，一般可提高动物体外消化率和瘤胃低级挥发性脂肪酸的产量，在一定辐射剂量条件下，再经 1%氨+5%氢氧化钙处理的秸秆，可大大提高秸秆的消化率。

（二）化学处理法

化学处理包括酸处理、碱处理、氧化剂处理和氨化等方法，酸碱处理研究较早，因其用量较大，需用大量水冲洗，容易造成环境污染，生产中并不被广泛应用。

1. 酸化处理

秸秆的酸化处理有硫酸、盐酸、磷酸、甲酸等，酸能破坏饲料纤维物质的结构，提高消化利用率，由于成本过高，酸处理通常很少使用。

2. 碱化处理

目前，我国主要采用氢氧化钠溶液或石灰水浸渍秸秆，即先配制好一定浓度的氢氧化钠溶液或石灰水，然后将切短的秸秆浸泡其中，一定时间后用水除去余碱就可以饲喂了。也有采用干法的，即先将切短的秸秆淋湿，使含水量为30%~40%，然后将石灰喷洒在秸秆上。近些年来，也有很多人尝试了许多不同的碱化方法，如石灰—氨化处理、酸—碱处理等，秸秆利用率有一定的提高，但是效果还不是特别理想，大规模生产意义不大。

3. 氨化处理

秸秆饲料氨化主要是指用液氨、尿素、碳氨等氨源作用于秸秆，使其木质素彻底变性、营养成分得以提高并使其内部结构膨胀疏松更容易被瘤胃微生物所消化，从而提高其利用率、消化率。秸秆氨化对畜牧业发展尤其是对反刍动物养殖有着积极、重大的意义。

4. 氧化剂处理

利用二氧化硫、臭氧及碱性过氧化氢等氧化剂处理农作物秸秆。其原理是：氧化剂能破坏木质素分子间的共价键，溶解部分半纤维素和木质素，使纤维素基质中产生较大空隙，增加纤维素酶和细胞壁成分的接触面积，从而明显提高饲料的消化率。虽然氧化处理也可以提高秸秆的消化率，但处理条件要求较高，其处理成本、处理后的适口性及其在我国的可行性都有待进一步研究。

（三）生物处理法

生物处理不仅耗能低、费用少，而且能够显著提高秸秆的营养价值，近年来被广泛应用及推广。其处理原理主要是利用产生纤维素酶的微生物及分泌物降解纤维素或者降解木质素的微生物使秸秆中的木质素分解，从而达到提高消化率的目的。生物处理主要包括青贮法和微贮法。

（四）复合处理法

近年来，随着秸秆化学处理的研究进展，研究者提出了各种结合使用的复合处理方法。将多种处理方法组合起来，提高秸秆利用率。如物理—生物法，即先将秸秆粉碎，然后添加微生物制剂进行发酵，经过一定时间后饲喂动物；物理—化学—生物法，即将各种秸秆采用热喷、膨化、氨化、酶化、生物酵解等处理技术，根据动物营养需要，与营养调控料混合加工制成复合型全日粮块状饲料，可以直接饲喂畜禽。

二、秸秆饲料的几种主要处理方法

由于秸秆饲料化处理技术方法较多，下面将具体介绍几种国内及国际目前较为普及和实用的、能被广大农民及秸秆饲料生产厂家接受的秸秆饲料处理方法。

（一）氨化技术

现在常用的秸秆氨化处理技术主要是通过碱化、氨化及中和三大作用对秸秆本身和反刍动物瘤胃内环境产生积极影响，从而达到提高秸秆饲喂性能的目的。

1. 原料

可用液氨、尿素、碳酸氢氨和氨水等氨源生产秸秆氨化饲料。液氨是最为经济、处理效果最好的氨源，但由于需要保存在高压容器内及运输问题，容易发生安全性问题；尿素在适宜温度、脲酶的作用下，可分解成二氧化碳和氨，但分解率较低，只有 56.7%，所以成本较高，适合农民个人氨化饲料时使用；碳酸氢铵在适宜的温度条件下即可产生氨，受温度影响较大，冬天及低温条件下分解不完全；氨水含氮量较低，在用量较大的情况下造成运输量增大的问题，因此只适合在氨水生产厂附近使用。

2. 方法

稻秆氨化的常用方法有液氨处理法、尿素或碳酸氢铵处理法、氨化炉处理法和袋装处理法等。

（1）液氨处理法。液氨处理法又包括堆垛法和窖处理法。

①堆垛法。将准备堆草垛的场地整平，铺一块厚 0.12 毫米左右的塑料膜，收获的秸秆用人工或机械打捆，排列整齐堆成方形草垛，垛顶缩小，以利封盖后顶部不积雨雪。垛周边留出 30～50 厘米的薄膜，再用一块大的塑料膜由上往下覆盖，到底部与垫底的膜重叠，包一木棍或铁管卷起来，最后压上沙包，四周用绳固定，防止被风吹破。施氨的方法依所用氨源而异，如为液氨，在堆垛至中部时，埋放一根管壁打了许多小孔的铁管，草垛盖严后伸出薄膜，以便与氨槽车的输氨管连接，往垛里输氨。也可不事先埋管，草垛封严后，将输氨槽车上的管子连接一根尖头的氨枪，直接插入，分 2～3 个点往草垛里输氨，拔出氨枪，立即用胶带将破口黏补严实。新收获的秸秆，如果潮湿则不要再加水，如果太干，在堆垛的同时，按每吨秸秆 150～200 千克水均匀喷洒，可提高氨化效果。氨源为尿素，按每吨秸秆加水 400～450 千克计算，将尿素溶于水中，用潜水泵

分层喷洒到秸秆上，其余操作相同。此法适于较大的养殖场采用。

②窖处理法。可建立类似青贮窖的水泥、砖、石结构的窖，由于氨化秸秆在温暖季节每天都可制作，故每个窖或池不宜过大，具体大小按养牛头数与每天饲喂氨化秸秆的数量而定。图2-1为一组四联池（按照养牛10头，日粮中氨化秸秆每头每日5千克，5天共250千克），设计长、宽各3.6米，深0.75米，从中交叉隔成4个小池，池壁厚0.2米，容积6.75立方米，按切短秸秆的密度150千克/米^{3}计算，共可加工氨化秸秆约1吨。每小池250千克，每池秸秆氨化时间按15天设计，依环境温度决定氨化的时间，则可制订每个小池的启用、喂完、再加工及四个小池轮流使用的计划。若养牛头数少，可建二联池。窖池法适用于养殖规模较小的农户。秸秆中施氨的方法同堆垛法。只是氨源用液氨时，可用装液氨的专用钢瓶，连接氨枪穿过薄膜插入秸秆中输氨。若用尿素，将尿素溶于水中均匀浇喷到秸秆上，拌匀、压实，再用薄膜封严。

（2）尿素和碳酸氢铵处理法。具体做法是将尿素或碳酸氢铵溶于水，然后喷洒到秸秆上，可切碎亦可取整，边喷边拌边压，一直做到窖口，最后用塑料膜覆盖后压紧并覆土盖实。此法切忌过量使用尿素或碳酸氢铵，否则会有牛羊中毒的危险，其配方随温度而定。

（3）氨化炉法。氨化炉既可以是砖水泥结构的土建式氨化炉，也可是钢铁结构的氨化炉。将秸秆在密闭氨化炉内加温至70~90℃，保温10~15小时，然后停止加热保持密闭状态7~12小时，开炉后让余氨飘散1天，即可饲喂，基本上可做到一天一炉。氨化炉一次性投资较大，但它经久耐用、生产效率高，综合分析是合算的。如果增加了氨回收装置，则能进一步提高经济效益。挪威、澳大利亚等国采用真空氨化处理秸秆收到较好的效果。目前，还有一种高压氨化炉，利用高压对秸秆饲料

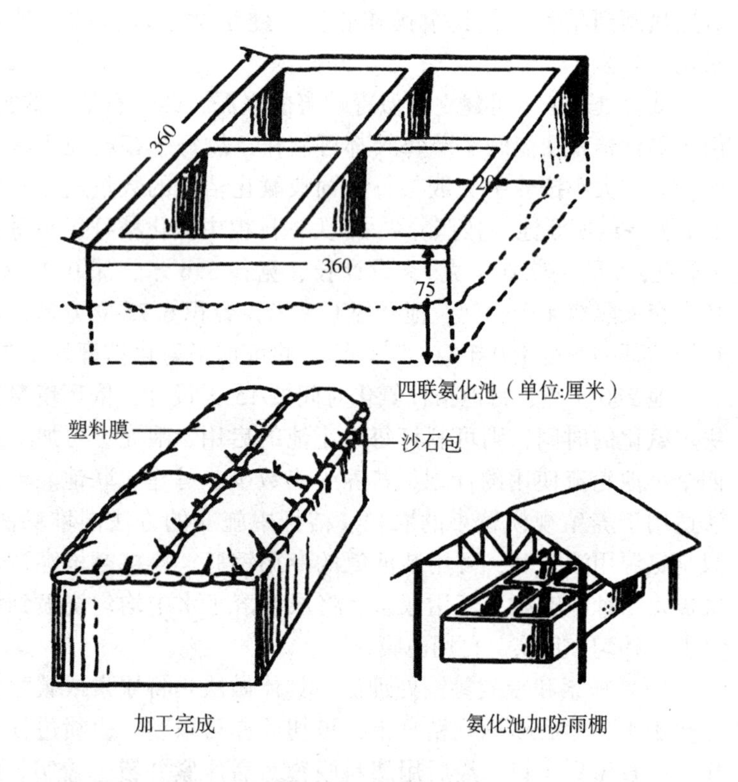

图 2-1　四联氨化池示意

进行氨化，不需要对氨化炉进行加热，这种新式的氨化方式氨化时间短，不需要加热，节省了很多的能源，是一种很有发展潜力的秸秆处理方法。

（4）袋装处理法。袋装处理法该法首先是做好选袋工作，塑料袋长宽厚分别为 2. 5 米、1. 5 米和 0. 12 毫米，为无毒聚乙烯薄膜，双层最好。再将秸秆切短。然后根据秸秆确定有关物质用量：尿素为秸秆风干质量的 4%~5%；温水用量为秸秆质量的 40%~50%。最后是喷洒尿素溶液、装袋封严并放于向阳的干燥处。

3. 影响质量的因素及品质判定方法

（1）影响因素。一般施氨量低于秸秆干物质的5%时，增加氨的用量与提高秸秆消化率呈正比，但超过5%这个标准后，增加氨量并无益处（用5%的氨处理时，最适宜含水量为30%）。在相同的氨化时间情况下，氨化效果随温度的提高而改变（表2-1）。在一定范围内，氨化时间越长，氨化效果越好，尤其是在低温条件下更是如此。一般来说，原先品质差的秸秆，氨化后的改进幅度较大。

表 2-1　氨化时间与不同温度的关系

温度（℃）	氨化时间（周）
<5	>8
5～15	4～8
15～30	1～4
>30	至少一周以上

（2）品质判定方法。农民一旦打开氨化堆，他自己不用任何仪器就可以判断，好的氨化处理具有以下特征：一股强烈的氨气味；氨化后颜色变为暗黄色；氨化后的秸秆形态发生变化。且与未氨化的相比又柔又软，氨化饲料质量好，很容易被反刍动物（牛、山羊或绵羊）消化，大多数氨化草饲喂绵羊（肥育羔羊或者哺乳母羊）和牛，但很少用来饲喂奶牛或者役用公牛。

（二）青贮技术

严格来说，青贮技术是一种微贮技术。青贮，就是利用微生物的发酵作用，在适宜的温度和湿度且密封等条件下，通过厌氧发酵产生酸性环境，抑制和杀灭各种微生物的繁衍，从而达到长期保存青绿多汁饲料的过程。青贮技术是一种简单、可靠且经济的方法，已在世界各国畜牧生产中普遍推广应用。青贮过程中，参与活动和作用的微生物种类很多，以乳酸菌为主。

青贮饲料气味酸香、柔软多汁、营养丰富、适口性好且容易被动物消化吸收，是动物冬春不可缺少的优良青绿多汁饲料。

1. 青贮设施

主要有青贮塔、青贮窖、青贮壕、青贮袋、青贮堆等。不论结构材质，只要能够达到密闭、抗压、承重以及装卸方便即可。

（1）青贮塔。属永久性塔形建筑。此设施在地下水位高的地方较适宜，并应建在猪舍附近。塔高 12~14 米，直径 3.5~9.6 米，塔身一侧每隔 2 米高开一个 0.6 米×0.6 米的窗口。国外应用塞封式青贮塔，塔身由金属和树胶黏液制成，与国内的青贮塔大小相同。顶部装有一个呼吸袋，便于内部气体的张缩。此法饲料品质好，养分损失少，但成本高，需要依赖机械装填。

（2）青贮窖。有地下式和半地下式两种，前者适宜地下水位较低，土质较差的地方。多为砖砌的长方形窖，窖型一般宽为 1.5~2.0 米（上口宽为 2 米，下底宽为 1.5~1.6 米），深 2.5~3.0 米，长度取决于原料的数量，一般青贮秸秆容重 450~750 千克/米^3，可据此计算所需青贮窖的大小。窖四周和底部须用水泥抹平，以利于装料方便，保持青贮料清洁，防止漏水，保证青贮质量。特点是一次性投资较大，但青贮质量能保证，且使用年限较长。

（3）青贮壕。青贮壕挖在山坡一边，四周和底部可用混凝土做成光滑平面，以避免污染。底部向一端倾斜可达到排水的目的。壕深 3.5~7 米，宽 4.5~6 米，长 30 米以上。如地势较为平坦，沟深可适当调整。

（4）青贮袋。用厚实的塑料袋做成圆筒形，装贮青贮饲料，每袋可装 30~40 千克。袋口扎紧，分层堆放到棚舍内，每隔一定的高度放一块 30~40 厘米厚的隔板，最上层用重物压住。此法方便取用，但容量小。

（5）青贮堆。选一块地势高、干燥平坦、土质坚实的地面，铺上塑料布，然后将青贮料卸在塑料布上垛成堆。青贮堆的四边呈斜坡，以便拖拉机能开上去。青贮堆压实后，用塑料布盖好，周围用沙土压严，保持厌氧环境。特点是节省了建窑的投资，贮存地点灵活可变，但对塑料布的厚度及耐老化程度有一定要求，应尽量延长使用年限。

2. 青贮方法

（1）原料选择。青贮作物秸秆要适时收割。对于玉米秸秆，通常农民会等到籽粒充分成熟并收获后才去收割。此时，秸秆的营养价值已大为下降。近年来，有研究表明，适当提前（7~10天）收获籽粒并收割秸秆，籽粒产量、质量几乎不受影响，而秸秆的营养价值却能大幅度提高。因此，应尽量青贮那些绿色的、木质化程度不高的青秸秆。

（2）切短。原料切短有利于窑内压实，排尽窑内空气制造厌氧环境，还能提高牲畜采食速度和采食量。一般粗硬秸秆（如玉米秸秆）切碎的长度为2~3厘米，柔软秸秆可稍长一些。

（3）含水量的调节。青贮原料的含水量以65%~75%为宜，通常新鲜收割的作物秸秆含水量在80%以上，因此需加入干糠或麸皮调节水分。判断含水量的方法：取一把切短的原料在手中稍轻揉搓，然后用力握在手中，若手指缝中有水珠出现，但不是成串滴出，则该原料中含水量适宜；若握不出水珠，说明水分不足；若水珠成串滴出，则水分过多。

（4）调节含糖量。适宜的含糖量可保证乳酸菌大量繁殖，形成足量的乳酸，促使青贮料的pH值迅速下降到4.2以下，尽快抑制霉菌与腐败菌的生长。禾谷类秸秆、向日葵、甘薯藤等，因其含有较多的碳水化合物可单独青贮。豆科作物（如大豆、紫花苜蓿、白三叶）的茎叶，马铃薯秧等含粗蛋白多而碳水化合物不足，不宜单独青贮，应加入10%以上的含糖或含淀粉较多的饲料混合调制。

（5）青贮料装填与压实。装填前先打扫干净窑底，然后铺上30厘米厚的干草或干玉米秸秆。再将经过预处理的原料逐层装入，每层15~20厘米厚，踩实后继续装填，特别要注意四角和靠壁部位要踏实。有条件的可用机械压实，这样排氧效果会更好。装填原料要迅速，最好当天收获，当天切碎，当天入窑，这样可以最大限度保存营养。

不能在1天之内完成的要用塑料薄膜覆盖，避免发生有氧发酵而损失养分。若用青贮堆贮存，与青贮窑一样先分层装填、压实，最后覆盖。

（6）密封。当秸秆装填到窑口50~70厘米时即可加盖封顶。先用塑料薄膜围盖一层，加一层20~30厘米厚的切短的秸秆和软草，再加30~50厘米厚的土夯实，做成馒头形，并将表面拍光滑，以利排水。封好后，应在距离窑口四周1米处挖一条排水沟，并经常检查窑顶有无下陷现象。如发现下陷或裂纹，应及时添加封土重新修复，以防进水、漏气、进鼠，影响青贮质量。

3. 青贮饲料添加剂

生产实际中，原料的水分含量往往是不易控制的因素之一，对于水分过高的原料除了采取适当翻晒预干、添加麦麸等调节水分的方法以外，还可以直接加入青贮添加剂。根据青贮添加剂的作用不同可将其分为3类：

（1）发酵促进剂。主要是促进乳酸菌的发酵，达到保鲜贮藏的目的，主要有糖蜜、淀粉、糟粕、酶制剂及各种菌类制剂等。

（2）发酵抑制剂。主要是抑制青贮发酵过程中有害微生物的活动，防止原料霉变和腐烂，减少营养物质的损失，主要包括甲醛、甲酸、亚硫酸钠、焦亚硫酸钠、双乙酸钠、丙烯酸、苯甲酸等。

（3）营养性添加剂。可提高青贮原料营养价值，改善青贮饲料的适口性，如蛋白质、矿物质等，其中较常用的是非蛋白氮类物质（如尿素、氨水、各种铵盐）等。

4. 影响质量的因素及品质判定方法

（1）影响因素。原料会对青贮饲料质量产生影响，包括原料种类与品种、收割时间、含水量、缓冲能力等。另外，切短或粉碎、压实程度与密闭程度、装填速度、温度以及其他一些人为因素也会对青贮饲料的质量有所影响。

（2）品质判定方法。青贮料一般装窖 6~7 周后发酵过程即完成，便可取出饲喂。饲喂前，应先检查青贮饲料的青贮效果，具体评定标准如表 2-2 所示。

表 2-2　青贮饲料评定标准

品质等级	pH 值	水分%	气味	色泽	质地
优等	3.4~3.8	70~75	干酸味、舒适感	亮黄色	松散软弱、不黏手
良好	3.9~4.1	76~80	淡酸味	褐黄色	中间
一般	4.2~4.7	81~85	刺鼻、酒酸味	淡褐色	略带黏性
劣等	4.8 以上	86 以上	腐败味、霉烂味	黑褐色	发黏结块

（三）微贮技术

秸秆微贮饲料是在农作物秸秆中加入微生物高效活性菌种——秸秆发酵活干菌，放入密封的容器中贮藏，经过一定的发酵过程，使农作物秸秆在微贮过程中，由于秸秆发酵活干菌的作用，在适宜温度和厌氧环境下，将大量的木质纤维类物质转化为糖类，糖类又经有机酸发酵转化为乳酸和挥发性脂肪酸，使 pH 值降低到 4.5~5.0，抑制了有害菌的繁殖，使秸秆变得能长期保存不坏。

微贮饲料具有气味芳香、消化率高、适口性好、制作成本低、效益高、秸秆利用率高、不受季节限制、保存期长、无毒无害、制作简便等特点，深受广大农户的喜爱。

1. *方法*

（1）水泥窖微贮法。窖身采用水泥修建。秸秆切碎后分层压实放入窖内，每层之间喷洒菌液，窖口用塑料薄膜覆土密封。

（2）土窖微贮法。在窖底部及四周铺上塑料薄膜，秸秆切碎后分层压实放入窖内，每层之间喷洒菌液，窖口用塑料薄膜覆土密封。

（3）塑料袋微贮法。根据塑料袋大小挖窖，然后将塑料袋放入窖内，分层放入秸秆并喷洒菌液、压实。袋口扎紧后覆土密闭。适合少量生产。

（4）压捆窖内微贮法。秸秆压捆后，喷洒菌液入窖，填充缝隙，封窖发酵，出窖后揉搓使用。

2. *操作过程*

微贮技术工艺流程如图 2–2 所示。

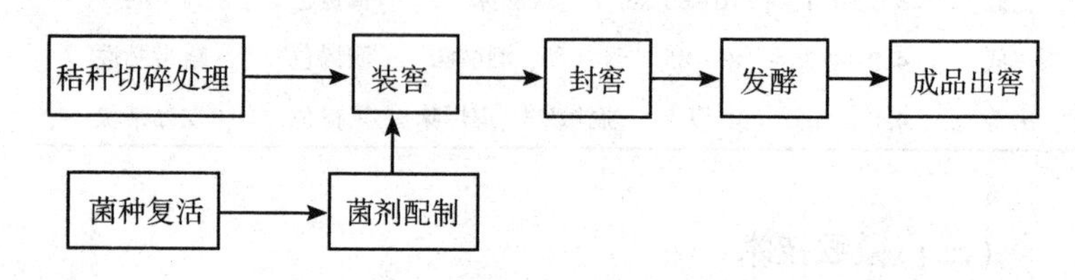

图 2–2　微贮技术工艺流程

（1）秸秆切碎处理。秸秆原料必须是清洁的、无腐烂变质，品种越多越好。然后人工或机械将秸秆切碎或揉搓。养牛用长度为 5~8 厘米，养羊用长度为 3~5 厘米。这关系到装窖秸秆的铺平和压实程度，以及减少开窖后发酵秸秆的二次发酵程度。

（2）菌种复活。将菌粉溶于水或 1% 蔗糖液中，使菌种复活。复活菌剂当天用完。

（3）配制菌液。将复活好的菌剂倒入充分溶解的 1% 食盐水混匀。食盐水及菌液量根据秸秆的种类而定。

（4）调节水分。将秸秆水分调节至 70% 左右（一般在酵母菌、乳酸菌发酵的情况下），这关系到发酵程度。

（5）铺平与压实。这关系到装窖秸秆的厌氧程度和厌氧状态的维持状况，开窖后应层层取料，减少有氧发酵。

（6）封窖。可防止在发酵期空气进入，确保发酵质量。饲喂期每次取完料后，在发酵料表面铺一层塑料膜，尽可能减少与空气的接触面积和二次发酵。

（7）开窖。开窖时按照顺序从上到下逐段取用。用完后立即用塑料膜将窖口封严，防止二次发酵和变质。喂养家畜要将饲料揉碎以提高消化率。

3. 影响质量的因素及品质判定方法

（1）影响因素。微贮饲料的水分含量是否合适是决定其好坏的重要条件之一，因此，在喷洒和压实过程中要随时检查秸秆水分含量是否合适，注意层与层之间的水分衔接，不得出现干层。秸秆微贮后，窖池内贮料慢慢下沉，应及时加盖土防止漏气。秸秆微贮后，可提高采食速度40%，采食量增加20%～40%，消化率提高24%～43%，有机物消化率提高29%。

（2）品质判定方法。优质微贮饲料具有醇香味和弱酸味。水分过高会有强酸味，密闭不严、变质腐烂会有腐臭味、发霉味（表2-3）。

表2-3　微贮饲料评定方法

等级	颜色	气味	手感
优等	橄榄绿、金黄色，有光泽	醇香、果香、弱酸味	湿润、松软、不沾手
低等	墨绿、褐色	腐臭味、霉味、强酸味	腐烂、黏手、结块、干燥粗硬

（四）秸秆“三化”复合处理技术

最早的秸秆“三化”技术是利用尿素、石灰、食盐复合处理农作物秸秆的方法。实验证明，麦秸和稻草经过“三化”复合处理后可明显改善秸秆纤维结构，可使秸秆的中性洗涤纤维含量下降11.6%~12%，使稻草木质素含量下降17.97%，半纤维素下降13.84%，因此提高了秸秆的可消化率和营养价值。“三化”复合处理方法发挥了氨化、碱化、盐化的综合作用，处理稻草饲喂肉牛效果较好，成本低廉，方法简便。

随着近年来饲料的工业化生产，研究人员用各种农作物秸秆（如玉米秸、麦秸、稻草、豆秆、棉杆等）和阔叶树枝条等林木副产品以及甘蔗渣等为原料，经专有ZR三化设备和工艺进行处理，可在十几分钟时间内实现秸秆的丝化、膨化和氨化。加工使粗饲料的组织结构发生了很大的变化，外观如丝状，产品具有特有的三化香味，家畜喜爱，采食量大幅度提高。以玉米秸为例，经国家权威机构测定和试验，三化处理后玉米秸在牛瘤胃中48小时干物质降解率为70.51%，极显著的高于未处理玉米秸。饲养价值大大提高，其能量高于各种青干草，已与带胚米糠、次粉、玉米青贮（黄玉米、穗多）等相近。减少精料用量，少用（近乎不用）精料养肉牛，大幅度降低饲料成本，提高经济效益，使玉米秸等农作物秸秆的经济性发生巨大变化。

1. *方法*

（1）容器与秸秆的准备。可选用氨化窖、青贮窖，也可用小垛法、塑料袋或水缸。秸秆可选用麦秸、稻草、玉米秸等铡成2~3厘米。

（2）处理液的配制。将尿素、生石灰粉、食盐按比例放入水中，充分搅拌，溶解，使之成为混浊液，每100千克秸秆，用尿素2千克，生石灰3千克，食盐1千克，水50千克，贮料含水量最后达到35%~40%为宜。

（3）装窖与封窖。在窖底铺入20厘米左右厚的秸秆，均匀喷洒三化处理液，拌匀压实，然后每铺入20厘米厚的秸秆，均匀喷洒“三化”液，再拌匀并压实。大型窖也可采用机械化作业，喷洒处理液可用小型离心泵，压实可用拖拉机。当秸秆分层压实高出窖口100厘米左右时，充分压实后，覆盖塑料薄膜，并覆土20厘米左右密封。

（4）处理时间与取用。密封反应时间应根据气温并结合感观来确定。环境温度30℃以上，成熟所需时间7天；环境温度15~30℃，成熟时间7~28天；环境温度5~15℃，成熟时间为28~56天；环境温度5℃以下，成熟所需时间在56天以上。饲喂时应取出放氨2~3天，将氨味全部放掉后再饲喂，如暂时不喂，可不必开封放氨。

2. 影响质量的因素及品质判定方法

（1）影响因素。秸秆“三化”处理过程中要注意秸秆的质量、“三化”液的配比、秸秆含水量等因素，否则影响秸秆饲料的质量。

（2）品质判定方法。目测“三化”处理后的秸秆质地变软，气味芳香，颜色是棕黄色或浅褐色。如果颜色变白、变灰、发黏或结块等，说明秸秆已经霉变，不能使用；如果经“三化”处理后的秸秆与处理前基本一样，说明没有氨化好。此法直观、简便，是生产上常用的评定方法。

（3）化学分析。可通过实验室化验分析，测定秸秆“三化”处理前后营养成分的变化，来判断品质的优劣，如粗蛋白含量、干物质消化率、pH值等。

第三章　秸秆食用菌基料化利用

农作物秸秆作为一种农业生产的重要副产品，产量大、分布广，同时也是一项重要的生物资源。利用秸秆栽培食用菌是有效利用秸秆、延长生态产业链、发展食用菌产业、建设循环农业、增加农业综合效益、促进农民增收的重要途径，是农作物秸秆综合利用技术开发的示范典型。

第一节　秸秆栽培食用菌的意义

一、可充分利用资源，提高人民生活水平

据报道，秸秆栽培食用菌的氮素转化效率平均为20.9%左右，高于羊肉（6%）和牛肉（3.4%）的转化效率。用秸秆为主料进行食用菌的栽培生产，既可以充分利用农作物的废弃资源发展食用菌生产，开发食用蛋白质资源，又是提高居民膳食质量和人民生活水平的重要途径。

二、可减少秸秆焚烧造成的环境问题及资源浪费现象

首先，农业普遍增收之后，农作物秸秆越来越多，但综合利用滞后，秸秆出现严重过剩；其次，随着农民收入增加、生活水平不断提高，再加上青壮年劳力出去打工，农民宁愿增用化肥和燃煤，而少用秸秆作肥料和燃料；再次，由于农作物复种指数提高，特别是近几年小麦机收面积扩大，麦秸留茬过高，灭茬机械和免耕播种技术推广没有跟上，造成农民为赶农时放

火焚烧秸秆和留茬。

农作物秸秆的碳、氮含量丰富，是制作食用菌培养料的最佳原料。如干麦秸含碳量为46%、含氮量为0.53%，玉米秸秆含碳量为40%、含氮量为0.75%，干稻草含碳量为42%、含氮量为0.63%。各类秸秆经切割、粉碎并配以一定比例的米糠、玉米粉、畜禽粪、石灰、过磷酸钙等辅料后，均可制作成各类食用菌的栽培原料。食用菌生产是劳动密集型产业，投入小、见效快、收益高，是群众增收致富和提高农产品质量的短、平、快项目，具有较好的经济、生态、社会效益，不仅能有效缓解农村高品位商品能源短缺问题，而且有利于实现秸秆全面禁烧及其综合利用的目标。

三、废弃物可作良好有机肥，生产绿色食品

以秸秆为原料为培养基育菇后，通过食用菌菌体的生物固氮作用——酶解作用等一系列生物转化过程，粗蛋白、粗脂肪含量均比不经过食用菌发酵前提高2倍以上，纤维素、半纤维素、木质素和抗营养因子如棉酚等均已被不同程度的降解，其中粗纤维素降低50%以上，木质素降低30%以上，棉酚降低60%以上，同时还产生了多种糖类、有机酸类和其他生物活性物质。上述一系列生物转化过程，不仅增加了原料中有效营养成分的含量，而且提高了营养物质的消化利用率。

菌糠是良好的有机肥料，还田可以增加土壤有机质，改善土壤理化性状，减少农田化肥使用量。目前大部分菌糠被当作废料浪费掉，在我国人口众多、资源匮乏、不可能完全依靠化学肥料发展种植业的现实条件下，充分开发利用非常资源——菌糠，既可以做到废物利用、改善环境，又可以缓解人口剧增和能源消耗同步增长对种植业的影响，降低种植成本，实现循环农业。

第二节　秸秆高产栽培双孢蘑菇技术

一、品种介绍

双孢蘑菇，也称蘑菇、洋蘑菇。双孢蘑菇是世界第一大食用菌，目前，全世界已有80多个国家和地区栽培，发展速度很快，每年以15%~20%的速度增长。

双孢蘑菇的营养价值极高，具有抑制癌细胞与病毒、降低血压、治疗消化不良、增加产妇乳汁的疗效。经常食用，能起预防消化道疾病的作用，并可使脂肪沉淀，有益于人体减肥，对人体保健十分有益。

二、秸秆栽培双孢蘑菇技术要点

1. 栽培场所

根据双孢蘑菇的品种特性及出菇过程中不需要光线的特点，栽培场所可用地沟棚、大拱棚、闲置的窑洞、菇房、塑料大棚、房屋、养鸡棚、养蚕棚、林地等。

2. 栽培季节

合理地安排好生产季节是获得高产的重要前提。由于栽培场所、设备条件所限，一般根据自然温度确定栽培时间。

3. 秸秆原料的准备

蘑菇的主要栽培原料是作物秸秆和动物粪便。作物秸秆中稻草、麦秸用得较多，玉米秸和豆类作物的茎秆等也可作为堆制培养料的原材料。秸秆要求足干和无霉烂，贮存过程中要防潮防霉，使用前要暴晒几天。动物粪便主要以牛、鸡的粪便为主，羊、兔、猪、鸭等的粪便也可用来配制培养料。

4. 秸秆栽培双孢蘑菇高产栽培配方

（1）麦秸（稻草）1 500 千克，干牛（马）粪1 500千克，尿素 20 千克，豆饼 50 千克，过磷酸钙 30 千克，石膏粉 40 千克，石灰 30 千克，硫酸铵 10 千克。

（2）麦秸（稻草）2 250 千克，干鸡粪 750 千克，尿素 17 千克，饼肥 75 千克，过磷酸钙 25 千克，石灰 40 千克，硫酸铵 15 千克。

以上按 100 平方米配料，料的 pH 值均调至 8. 0。

5. 秸秆的堆制发酵

（1）秸秆发酵机理。发酵栽培即是将原料拌匀后，按一定规格要求建堆，进入发酵阶段。当堆温达一定要求后，进行翻堆，一般要翻 3~5 次，翻堆要均匀。发酵过程注意打眼通气和保温保湿。

培养料堆制发酵是有机物质在好气条件下，经多种微生物的作用，发生复杂的生物化学变化的过程。这个过程受堆肥材料、堆制场所、堆积方法、翻堆日程、含水量和微生物参与作用等的影响，而微生物起着特别重要的作用。

①发酵的微生物学过程。培养料堆制发酵过程要经 3 个阶段，即升温阶段、高温阶段和降温阶段。培养料建堆初期，微生物旺盛繁殖，分解有机质，释放出热量，不断提高料堆温度，即升温阶段。在升温阶段，料堆中的微生物以中温好气性的种类为主，主要有（无）芽孢细菌、蜡叶芽枝霉、出芽短梗霉、曲霉属、青霉属、藻状菌等参与发酵。由于中温微生物的作用，料温升高、几天之内即达 50℃ 以上，即进入高温阶段。在高温阶段，堆制材料中的有机复杂物质，如纤维素、半纤维素、木质素等进行强烈分解，微生物主要是嗜热真菌（如腐殖霉属、棘霉属和子囊菌纲的高温毛壳真菌）、嗜热放线菌（如高温放线菌、高温单孢菌）、嗜热细菌（如胶黏杆菌、枯草杆菌）等。嗜

热微生物的活动，使堆温维持在 50～70℃的高温状态，从而杀灭病菌、害虫，软化堆料，提高持水能力。当高温持续几天之后，料堆内严重缺氧，营养状况急剧下降，微生物生命活动强度减弱，产热量减少，温度开始下降，进入降温阶段，此时及时进行翻堆，再进行第二次发热、升温，再翻堆，经过 3～5 次的翻堆，培养料经微生物的不断作用，其物理和营养性状更适合食用菌菌丝体的生长发育需要。

②料堆发酵温度的分布和气体交换。发酵过程中，受条件限制，表现出堆料发酵程度的不均匀性。依据堆内温、湿度条件的不同，可分为 4 个区（图 3–1）。

a. 干燥冷却区。和外界空气直接接触，散热快，温度低，既干又冷，称干燥冷却层。该层也是堆料的保护层。

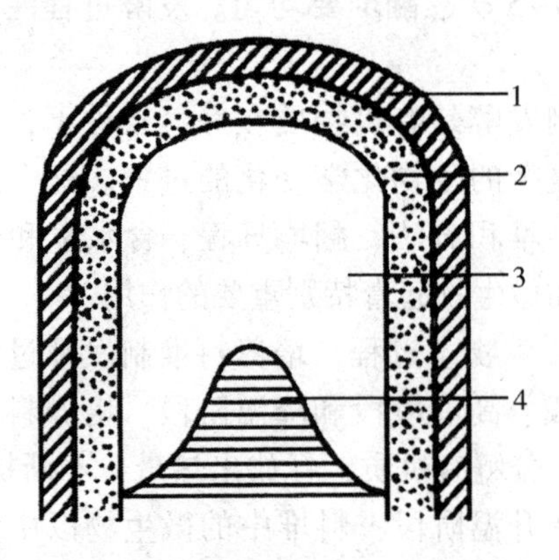

图 3–1　料堆发酵区的划分

1. 干燥冷却区；2. 放线菌高温区；3. 最适发酵区；4. 厌氧区

b. 放线菌高温区。堆内温度较高，可达 50～60℃，是高温层。该层的显著特征是可以看到放线菌白色的斑点，也称放线菌活动区。该层的厚薄是堆料含水量多少的指示，水过多则白斑少或不易发现；水不足，则白斑多，层厚，堆中心温度高，甚至烧堆，即出现“白化”现象，也不利于发酵。

c. 最适发酵区。是发酵最好的区域，堆温可达 50～70℃，称最适发酵区。该区营养料适合食用菌的生长，该区发酵层范围越大越好。

d. 厌氧发酵区。是堆料的最内区，该区缺氧，呈过湿状态，称厌氧发酵区。往往水分大，温度低，料发黏，甚至发臭、变黑，是堆料中最不理想的区。若长时间覆盖薄膜会使该区明显扩大。

料堆发酵是好气性发酵，一般料堆内含的总氧量在建堆后数小时内就被微生物呼吸耗尽，那么在一定时间内，料堆中的氧气是如何补充呢？主要是靠料堆的“烟窗”效应来满足微生物对氧气的需要，即料堆中心热气上升，从堆顶散出，迫使新鲜空气从料堆周围进入料堆内，从而产生堆内气流的循环现象。但这种气流循环速度应适当，循环太快说明料堆太干、太松，易发生“白化”现象；循环太慢，氧气补充不及时，则发生厌氧发酵。但当料堆发酵即微生物繁殖到一定程度时，仅靠烟窗效应供氧是不够的，这时，就需要进行翻堆，有效而快速地满足这些高温菌群对氧气及营养的需求，以达到均匀发酵的目的。

③料堆发酵营养物质发生的变化。培养料的堆制发酵，是物质复杂的化学转化及物理变化过程。其中，微生物活动起着重要作用。在培养料中，养分分解与养分积累同时进行着，有益微生物和有害微生物的代谢活动要消耗原料，但更重要的是有益微生物的活动：把复杂物质分解为食用菌更易吸收的简单物质，同时菌体又合成了只有食用菌菌丝体才易分解的多糖和菌体蛋白质。如双孢菇栽培料中的主要成分是粪草与化肥，它们都不能直接被蘑菇菌丝所分解利用，这些纤维素、木质素为主体的有机物质必须通过堆制，在假单孢杆菌、腐质霉菌、嗜热链霉菌、高温单孢菌或高温放线菌等有益微生物作用下，特别是好热性中温及高温纤维素分解菌的作用下，降解、转化成

简单的、可被蘑菇菌丝吸收利用的可溶性物质。同时，放线菌等微生物死亡之后留下的代谢物、菌体蛋白及多糖体，对蘑菇的生长具有活化和促进作用。培养料通过发酵后，过多的游离氨、硫化氢等有毒物质得到消除，料变得具有特殊香味，粪草疏松柔软，透气性、吸水性和保温性等理化性状均得到一定改善。此外，堆制发酵过程中产生的高温，杀死了有害生物，减轻了病虫害对蘑菇生长的威胁和危害。可见，培养料堆制发酵是食用菌栽培中重要的技术环节，它直接关系到蘑菇生产的丰歉。

因此，在堆制发酵中，要对粪、草（麦草、稻草、玉米秸秆等）发酵原料进行选择，碳氮源要有科学的配合，要特别注意考虑碳氮比的平衡，控制发酵条件，促进有益微生物的大量繁殖，抑制有害微生物的活动，达到增加有效养分、减少消耗的目的。培养料发酵既不能“夹生”，也不能堆制过熟，而使养分过度消耗和培养料腐熟成粉状，失去弹性，物理性状恶化。由于蘑菇菌丝不能利用未经发酵分解的培养料，因而必须经过发酵腐熟，发酵的质量直接关系到栽培的成败和产量。

（2）秸秆发酵料处理方法。双孢蘑菇培养料的处理一般采用二次发酵也称前发酵、后发酵。前发酵在棚外进行，后发酵在消好毒的棚内进行，前发酵需要 20 天左右，后发酵需要 5 天左右，全部过程需要 22 ~ 28 天。二次发酵的目的是进一步改善培养料的理化性质，增加可溶性养分，彻底杀灭病虫杂菌，特别是在搬运过程中进入培养料的杂菌及害虫。因此，二次发酵也是关键的一个环节。

①培养料（麦秸、稻草）预湿。有条件的可浸泡 1 ~ 2 天，捞出后沥去余水直接按要求建堆。浸泡时水中要放入适量石灰粉，每立方米水放石灰粉 15 千克。

②建堆。料堆要求宽 2 米，高 1.5 米，长度可根据种植量的多少决定。建堆时每隔 1 米立一根直径 10 厘米左右、长 1.5 米

以上的木棒，建好堆后拔出，自然形成一个透气孔，以增加料内氧气，有利微生物的繁殖和发酵均匀。石膏与过磷酸钙能改善培养料的结构，加速有机质的分解，故应在第一次建堆时加入。石灰粉在每次翻堆时根据料的酸碱度适量加入。

堆料时先铺一层麦秸（大约25厘米厚），再铺一层粪，边铺边踏实，粪要撒均匀，照此法一层草一层粪地堆叠上去，堆高至1.5米，顶部再用粪肥覆盖。将尿素的1/2均匀撒在堆中部。

堆制时每层要浇水，要做到底层少浇、上部多浇，以次日堆周围有水溢出为宜。建堆时要注意料堆的四周边缘尽量陡直，料堆的底部和顶部的宽度相差不大，堆内的温度才能保持较好。料堆不能堆成三角形或近于三角形的梯形，因为这样不利于保温。在建堆过程中，必须把料堆边缘的稻草收拾干净整齐，不要让这些草秆参差不齐地露在料堆外面，这些暴露在外面的麦秸草很快就会风干掉，完全没有进行发酵。

③翻堆（发酵）。翻堆的目的是为了使培养料发酵均匀，改善堆内空气条件，调节水分，散发废气，促进微生物的继续生长和繁殖，便于培养料得到良好的分解、转化，使培养料腐熟程度一致。第一次翻堆时将剩余的尿素、石膏、过磷酸钙均匀撒入麦秸（稻草）堆中。

若料太干，要适量浇水，每次建好堆若遇晴天，要用草帘或玉米秸遮阴，雨天要盖塑料薄膜，以防雨淋，晴天后再掀掉塑料薄膜，否则影响料的自然通气。

从建堆到发酵结束，一般需要21天左右，大约建堆后到第1次翻堆需5天，之后每次翻堆间隔的天数为4天、3天，第3次翻堆3天后进棚。但不能生搬硬套，如果只按天数，料温达不到70℃以上，同样也达不到发酵的目的。

发酵好的料呈浅咖啡色，无臭味和氨味，质地松软，失去韧性，但有弹性。

④后发酵（也叫第二次发酵）。后发酵过去一般是经过人为空间加温，使料加快升温速度。现在一般用塑料大棚栽培，通过光照自然升温就可以了。发酵好的料趁热移入棚内，堆成小堆，每堆数量刚好铺一床面。待料升温到60℃时，保持6小时，以进一步杀死杂菌与害虫，切勿超过70℃，以免伤害有益微生物。然后让料温降至52℃，保持4天，以促进微生物的生长繁殖，每天要通风2次，每次30分钟。若料偏干，可根据料的酸碱度喷石灰水。之后，开始铺料，料的厚度为25~30厘米，摊料时要轻轻拍实。

后发酵好的料应呈棕红色，且有大量白色粉末状放线菌，有甜面包味，含水量为60%~62%，用手握之，指缝中有水纹，能握之成团，抖之即散，pH值在7.5左右。

6. 秸秆栽培双孢蘑菇的管理方法

（1）播种。温度降至27℃以下时开始播种，一般用撒播，将菌种量的3/4均匀撒于料表面，用小叉子伸入料厚的一半，轻轻抖动，使菌种均匀分布到料内，然后将剩余的1/4菌种均匀撒于料表面上。播种后应覆盖一层报纸，如棚内湿度较大，保湿性能较好，可不盖报纸。

（2）发菌。从播种到覆土前是发菌阶段，此期间的温度应控制在20~25℃，空气相对湿度保持在70%左右，播种后1~2天，一般密闭不通风，以保温保湿为主，3天左右菌丝开始萌发，这时应加强通风，使料面菌丝向料内生长。菇棚干燥时，可向空中、墙壁、走道洒水，以增加空气湿度，减少料内水分挥发。

（3）覆土材料的处理。应取表面15厘米以下的土，经过烈日暴晒，以杀灭虫卵及病菌，而且可使土中一些还原性物质转化为对菌丝有利的氧化性物质。覆土最好呈颗粒状，小粒0.5~0.8厘米，粗粒1.5~2.0厘米，掺入1%的石灰粉，喷甲醛及0.05%的敌敌畏，堆好堆，盖上塑料薄膜闷24小时。然后掀掉薄膜，摊堆散发完药味即可覆土，土的湿度调节到用手捏不碎、不黏。

（4）覆土。15 天左右，菌丝基本长满料的 2/3，这时应及时覆土，覆土层的厚度应为 2.5～3 厘米。覆土后要用 3 天的时间喷水，目的是让土料充分吸收水分，但水不能渗到料里，喷水时要做到勤、轻、少。

（5）出菇管理。覆土后 20 天左右开始出菇，温度保持在 20～24℃，空气相对湿度在 80%～85%，在此期间一般不能往料面上喷水。当菌丝布满料面时要喷重水，让菌丝倒伏，以刺激子实体的形成，此后停水 2～3 天，同时加大通风量。当菌丝扭结成小白点时，开始喷水，增大湿度。这时应加强通风，空气相对湿度保持在 90%左右，控制温度在 12～18℃，随着菇量的增加和菇体的发育而加大喷水量，喷水时要加强通风，高温时不能喷水，采菇前不能喷水。

当蘑菇长到黄豆大小时，须喷 1～2 次较重的“出菇水”，每天一次，以促进幼菇生长。之后，停水 2 天，再随菇的长大逐渐减少喷水量，一直保持即将进入菇潮高峰，再随着菇的采收而逐渐减少喷水量。

（6）转潮管理。每采完一潮菇后要清理料面，采过菇的坑洼处再用土填平，保持料面平整、洁净，处理完毕，再重喷一次 1%的石灰水之后，按常规管理，7～10 天又出现第二批菇。

一般采收 6～9 批菇，采完三批菇后，应疏松土层，打洞，改善料内的通气状况，并在采菇后到新蕾长到豆粒大前喷施追肥。

三、秸秆栽培双孢蘑菇效益分析

秸秆种植双孢蘑菇，投入小，产出大，经济效益显著，是农民增收的有效途径。根据生产实践，1 亩（1 亩≈667 平方米。下同）地菇棚可利用秸秆 1.5 万千克，创造 3 万多元的经济收入，实现亩纯收入2.6万多元。

（1）投入（菇棚造价未计算在内）。每平方米麦秸草25千克，每千克0.24元，计6.5元；干鸡粪7.5千克，每千克0.20元，计1.5元；其他辅料如石膏粉、化肥等0.5元，菌种2.20元，总计10.7元。1亩地投资7 126.20元。

（2）效益。每平方米产鲜菇12.5千克，产值50元（4.00元/千克），1亩地收入33 300元。

纯收入：33 300元−7 126元=26 174元。

第三节　秸秆高产栽培鸡腿菇技术

一、品种介绍

鸡腿菇，又名鸡腿蘑、毛头鬼伞，属真菌门、担子菌亚门、层菌亚纲、伞菌目、伞菌科、鬼伞属。鸡腿菇是我国北方地区春末、夏秋雨后发生的一种野生食用菌，也是一种具有商业潜力、可被人工栽培的食用菌。

传统的鸡腿菇栽培以棉籽壳或废棉为主要原料，最近实验成功的利用玉米秸秆栽培技术，降低了生产成本，增加了农民收益，提高了农业经济效益，为大量有效利用玉米秸秆找到了新出路。秸秆栽培鸡腿菇的废料是很好的有机肥，用来肥田可使贫瘠的土地变成丰产田，从而使物质能量逐级得到利用，促进生态系统的良性循环，有效解决焚烧秸秆污染环境的问题，实现经济、社会、生态效益的高效有机统一，具有很好的发展前景。

二、秸秆栽培鸡腿菇技术要点

1. 栽培场所

根据鸡腿菇的品种特性，栽培场所可选择地沟棚、大拱棚、塑料大棚、林地等。

2. 季节安排

根据鸡腿菇生活习性，可分3月和9月两次栽培。

3. 秸秆原料的准备

鸡腿菇是腐生性真菌，其菌丝体利用营养的能力特别强，纤维素、葡萄糖、木糖、果糖等均可利用。因此，一般作物秸秆、野生草木等均可用来生产鸡腿菇。鸡腿菇菌丝还有较强的固氮能力，因此，即使培养料的碳氮比较高，鸡腿菇也能生长繁殖。但在生产中为使其生长正常和加快生长速度，提高产量和商品质量，还应适当添加一些氮素营养，如麦麸、尿素、豆饼粉等，一般培养料的碳氮比在20：1~40：1即可。

4. 秸秆栽培鸡腿菇高产配方

（1）稻草、玉米秸秆各40%，牛、马粪15%，尿素0.5%，磷肥1.5%，石灰3%。

（2）玉米秸秆88%，麸皮8%，尿素0.5%，石灰3.5%。

（3）玉米秸、麦秸各40%，麸皮15%，磷肥1%，尿素0.5%，石灰3.5%。

以上秸秆粉碎成粗糠，粪打碎晒干，将配料掺匀，再加水150%~160%拌匀。以上配方中均须加入0.1%多菌灵或甲基托布津（或适量加入其他杀菌剂）。

5. 秸秆处理方式

（1）秸秆生料栽培鸡腿菇。拌料时应先将粉碎后的玉米秸等主料平摊于地，然后再将麸皮、石灰、石膏等辅料拌匀后均匀撒于主料上，经2~3次翻堆，使主料与辅料充分混合均匀，然后再加水。若气温高，拌料时应加入适量的石灰粉，以免酸料。料与水的比例一般在1：1.2~1：1.4。培养料含水量高低是决定出菇迟早及产量高低的重要因素之一，含水量过低，出菇迟，产量低；含水量过高，则菌丝生长缓慢，且易感染杂菌。

一般每100千克的干料需加水120~140千克，以手握培养料紧捏时指缝间有水渗出，但不下落为好，拌好的培养料pH值应在9.0~10.0。拌料完毕后不再经任何处理而直接接种栽培。

（2）秸秆发酵料栽培鸡腿菇。鸡腿菇发酵料的原理同双孢蘑菇。采用发酵料栽培鸡腿菇时，原料最好选用新鲜、无霉变的。将拌好的料堆成底宽1米、上宽0.7~0.8米、高0.8米的梯形堆，长度不限，表面稍压平。待温度自然上升至65℃后，保持24小时，然后进行第一次翻堆。翻堆时要把表层及边缘料翻到中间，中间料翻到表面，稍压平，插入温度计，盖膜，再升温到65℃。如此进行三次翻堆后接种栽培。

6. 秸秆畦式直播栽培鸡腿菇

（1）挖畦。根据栽培棚的大小在棚内挖畦。2米宽的拱棚，可沿棚两侧挖畦，畦宽80厘米，畦深20厘米，中间留40厘米宽的人行道。

（2）铺料、播种。挖好畦后，在畦底撒一薄层石灰，将拌好的生料或发酵料铺入畦中，铺料约7厘米厚时，稍压实，撒一层菌种（菌种掰成小枣大），约占总播种量的1/3，畦边播量较多。然后铺第二层料，至料厚约13厘米时，稍压实，再播第二层菌种，占总播种量的1/3（总播种量占干料重的15%）。再撒一层料，约2厘米厚，将菌种盖严，稍压实后，覆盖塑料薄膜，将畦面盖严、发菌。

（3）发菌期管理。播种覆膜后，保持畦内料温在20℃左右，勿使料面干燥或过湿。当料面出现菌丝时，每天掀动薄膜1~2次，进行通风换气，使畦面空气清新。正常情况下15~20天料面即发满菌丝。

（4）覆土。鸡腿菇的覆土处理方法同双孢蘑菇。鸡腿菇菌丝生长发育成熟后，不接触土壤不形成子实体，因而料面发满菌丝后应及时覆土，覆土层约3厘米厚，清水喷至覆土最大持水量，覆土层上可覆盖塑料薄膜进行发菌。

（5）出菇期管理。当菌丝长出覆土层时，就要适当降温，尽量创造温差，减少通风，加强对湿度的管理。适当增加散射光强度进行催蕾，避免直射光照射，以使菇体生长白嫩；并注意将薄膜两端揭开通小风，刺激菌丝体扭结现蕾。实践证明，适当缺氧能使子实体生长快而鲜嫩，菇型好。大田栽培的，4月至5月应加盖双层遮阳网，若在树林或果树下，加一层遮阴网，避免直射光的照晒。菇蕾形成后，经精心管理，过7~10天，子实体达到八成熟，菌环稍有松动，即可采收。

三、秸秆栽培鸡腿菇效益分析

1. 投入

（1）栽培棚投入。100平方米栽培棚60根竹子约125千克，每千克约0.5元，共60元；大棚膜专用厚膜25米，约130元；黑色遮阳网需60米，约150元；下雨时必须盖上大棚膜，防雨水浸入，否则有害于菇。这样即建成周年栽培的种菇大棚，总投资约360元。

（2）原料投入。需用玉米秸秆1 250千克，每千克0.1元，计125元（也可用麦草）；麦麸或米糠250千克约300元（也可用牛、鸡等畜禽干粪代替）；复合肥63千克计100元；石灰75千克计50元；地膜约4千克计32元；栽培种120千克计360元。原材料费共计967元。

2. 效益

按每平方米最低产鸡腿菇15千克、零售价每千克10元计算，80平方米毛收入12 000元-总投资（360元+967元）=纯利润10 000余元；若按批发价6元/千克计算，纯收入5 800余元。

按高收入10 000元与低收入5 800元折合计算，即可得纯收入7 900余元。一般播种后45~50天开始出菇，以后每间隔15~

20天采收一批，可采5批，4~5个月为1个生产周期。

第四节　秸秆高产栽培草菇技术

一、品种介绍

草菇原系热带和亚热带高温多雨地区的腐生真菌，含有丰富的维生素C（抗坏血酸），每100克鲜草菇就含有206.27毫克，比富含维生素的水果、蔬菜高很多。草菇还含有9.81%~18.4%的纤维素，远远超过一般蔬菜。纤维素有利于减慢人体对碳水化合物的吸收，有利于糖尿病患者，并有抑制肠癌的作用。

草菇所含脂肪较少，是一种低热食品，且所含胆固醇比动物脂肪低。草菇中核酸含量较高，还含有还原糖和转化糖，都是人体必需的营养成分。草菇含有丰富的钙、磷、钾等多种矿物质成分，亦是人体所不可缺少的。此外，草菇中还含有一种叫做异种蛋白的物质，可以增强机体的抗癌能力。草菇所含的含氮浸出物嘌呤碱，又能抑制癌细胞的生长。同时，夏天食用草菇又有防暑去热的作用。因此，草菇是一种营养丰富的“保健食品”。

我国的草菇在国际市场上久负盛名，近销我国港澳地区以及日本、东南亚，远销美国、加拿大；无论是鲜菇、速冻菇，还是干菇、罐头草菇，在世界菇类市场均是一种畅销商品。因此，发展草菇生产，对开发利用我国北方地区数量巨大的农作物秸秆废料，调剂市场蔬菜供应，改善人民生活，发展农村商品经济都是很有意义的。

二、秸秆栽培草菇技术要点

1. 栽培场所

北方春夏季风大雨多，气候干燥，且气温不稳定，室外栽培草菇，受自然气候影响，温度与湿度不易人工控制，很难达到理想产量。要获得草菇高产，必须有保护性栽培设施。栽培设施一般以塑料大棚、地棚和阳畦较为实用，建造容易，费用少，能达到保温、保湿和调节通风、光照的要求，给草菇生长发育创造适宜的小气候环境。

近年来，在山东、河北、山西等地区进行玉米地套种草菇试验，利用玉米地的株高叶茂能遮阳、盛夏季温度高的特点，露地栽培草菇，促进了菇粮增产增收。

2. 栽培时间

草菇属喜温性真菌，在生长过程中要求气温稳定在23℃以上，才有利于菌丝生长和子实体形成，山东省可在5月下旬至9月中旬进行草菇栽培。

3. 秸秆原料的准备

草菇是一种腐生真菌，依靠分解吸收培养料中的营养为主。培养料中营养充足，则菌丝体生长旺盛，子实体肥大，产量高，质量好，产菇期长。在贫瘠的基质中，菌丝生长不良，产量低，产菇期极短。在草菇栽培中，常用富含纤维素的稻草、麦秸作为碳素营养源，在培养料中适当添加一些含氮素较多的麸皮，可促进菌丝生长，缩短出菇期，提高产菇量。培养料中添加氮源时，以添加5%麸皮效果较好，用畜禽粪时要经过发酵处理。

4. 秸秆栽培草菇高产配方

（1）麦草90%，麸皮5%，生石灰5%。

（2）麦秸94%，麸皮5%，磷肥0.5%~1%，尿素0.3%~0.4%，多菌灵0.1%~0.2%。

（3）稻草95%，硫酸铵2%，石灰1%，过磷酸钙2%。

（4）稻草90%，麸皮4%，硫酸铵0.5%，干牛粪5%，石灰0.5%。

5. 栽培方式

（1）畦栽法。畦床宽80~100厘米，长度不限。做床时，先将畦床挖10厘米左右深，把土围于四周筑埂，做成龟背形床面，埂高30厘米左右，周围开小排水沟。

播种前两天，将畦床灌水浸透。播种前一天，畦床及其四周撒石灰粉消毒。播种时，将发酵好的秸秆铺入畦内（每平方米按干料20千克下料）。铺平后将秸秆踩踏一遍，再在料面上均匀地捅些透气孔。然后把菌种撒在料面上，菌种用量为5%~8%。菌种撒完后，轻轻压一遍，上面再覆盖一层薄料，然后在畦埂上盖以塑料薄膜。

（2）波形料垄栽培法。将培养料在畦床面上横铺或纵铺成波浪形的料垄，料垄厚15~20厘米（气温高铺薄些，气温低铺厚些），垄沟料厚10厘米左右，表面撒上菌种封顶，用木板轻轻按压，使菌种与料紧密接触。

（3）梯形菌床栽培法。顺着畦床纵向将培养料做成宽25厘米、高20厘米的上窄下宽的梯形菌床。菌种层播三层，表层撒满料面，用薄料覆盖。

6. 秸秆栽培草菇的管理

（1）覆土。在培养料面覆盖一薄层土，能减少料中水分散失，又能为草菇生长发育提供营养。覆土可在播种后2~3天进行。覆土选用肥沃的砂壤土，覆土厚度一般掌握在0.7~1厘米。

播种后是否覆土，应根据气温变化情况决定。在春末气候变化较大、气温不稳定的情况下，覆土可以增产；可是在气温较高而稳定时，覆土却减产。

（2）覆膜管理。草菇接种后，在料块、菌床和草堆四周，用塑料膜覆盖，可提高和稳定料温，保持湿度，增加料面四周小气候中二氧化碳浓度，促使有益微生物繁殖，促进草菇菌丝生长。覆膜在接种后立即进行，宜早不宜迟。当出现菇蕾后，应及时将覆盖的薄膜揭去，或将地膜支起，以防菇蕾缺氧闷死。

（3）增温与控温管理。草菇属高温型菌类，菌丝生长发育适宜的气温（周围空间温度）为30~32℃，适宜的料温（堆温）为35～38℃，掌握好适宜的温度是草菇栽培成败的关键。草菇子实体形成与发育一般料温维持在30～35℃，菇棚（房）温度为28～32℃为宜。一旦菇棚内温度过高时，可向棚外覆盖的草帘上喷凉水降温。

（4）保湿与增湿管理。草菇是喜湿性菇类，水分不足，菌丝生长缓慢，子实体难以形成，甚至死亡；水分过多，也会发生通气不好，影响呼吸作用，造成烂菇与死菇。

草菇出菇期间，空气相对湿度以90%左右为宜。为维持菇棚有较好的湿度，采取畦沟灌水与喷水相结合的办法。不宜直接向料块喷水，尤其在刚见到菇蕾时，严禁向菇蕾喷水。对幼菇不要喷重水，且在喷水后进行通风换气，防止菇体积水。一旦料块过干必须补水时，一定要喷清水，喷头向上，轻喷、勤喷。喷水的水温要与气温相近（与料温不能相差4℃以上），以防水温过凉喷后料温下降，引起幼菇死亡。

（5）通风与光照调节。草菇是一种好气性真菌，在菌丝生长期一般只需少量通风，在出菇阶段，应加强通风，刚见菇蕾时，应马上揭去覆盖料面的塑料薄膜，或将薄膜架高，让料面通风。

出菇期应把通风与喷水保湿结合进行。具体做法是：通风前，先向地面、空间喷雾，然后通风20分钟左右，每天2～3次。这样既能起到通风作用，又能保持菇棚（房）内适宜湿度，使出菇迅速、整齐。

光照对草菇生长也有明显的影响。发菌期光线宜暗，出菇时，适量光照可促进子实体的形成，没有光照或光照不足，不易形成子实体。栽培草菇，通常在栽培后第四天就要求有光线照射，一直维持到采菇结束。但不宜有直射阳光照射，以免晒死幼菇。

（6）采收。在正常情况下，播种后7～10天，培养料面上就可以看到小菇蕾。菇蕾刚长出时，呈现灰白色，一两天后迅速长大如鸟卵，3~4 天后大如鹌鹑蛋。当草菇由基部较宽、顶部稍尖的宝塔形变为卵形，菇体饱满光滑，由硬实变松，颜色由深变浅，包膜未破裂，菌盖、菌柄没有伸出时采收最好。这时菇味鲜美，蛋白质含量高，品质最好。

三、秸秆栽培草菇效益分析

栽培草菇投资小，周期短，收益高，市场潜力大。从接种到采收只需 10~12 天，整个生产周期仅 1 个月，1 年可种 4~6 批。按 100 平方米栽培2 500千克计算，可产鲜草菇 750 千克，30%转化率。按每千克售价 5 元计，100 平方米每批产值每月达3 750元。而成本投入仅1 300元，其中菌种 300 元，稻草麦草、米糠等共1 000元。纯收入达2 450元。若种 4~6 批可获利 1 万~1.5 万元。

第五节　秸秆高产栽培大球盖菇技术

一、品种介绍

大球盖菇又名皱环球盖菇、皱球盖菇、酒红球盖菇，菇色鲜红，菌盖半球形，朵形大，菌盖 6~10 厘米。大球盖菇嫩滑柄脆，味道鲜美，维生素 B 和人体必需的矿物质及烟酸含量十分丰富，国内市场鲜品每千克 6~12 元，国际市场鲜品每千克 5~7 美元、干品每千克 40~60 美元。大球盖菇是国内商品生产性栽培的珍稀食用菌，也是国际菇类市场畅销的十大菌类之一，是联合国粮农组织（FAO）向发展中国家推荐栽培的蕈菌之一。

二、秸秆栽培大球盖菇技术要点

1. 栽培场所

选择近水源，且排水方便的地方；在土质肥沃、向阳，而又有部分遮阴的场所。

适地适栽可以得到较好的经济效益，或者稍加改造，创造条件满足大球盖菇生长发育的要求。如在果园、林地或冬闲田里进行立体种植，果菌、林菌间作，合理利用光能资源。果树、林地为大球盖菇创造了遮阴保湿的生态环境，绿色植物光合作用释放出的氧气又极大地满足了大球盖菇的好气特性，而大球盖菇排出的二氧化碳又增强了果树、林地的光合作用，它们既有营养物质的互补，又有气体交换的良性循环，有明显的经济、生态和社会效益。

2. 栽培季节

根据大球盖菇的生物学特性和当地气候、栽培设施等条件而定。在我国华北地区，如用塑料大棚保护，除短暂的严冬和酷暑外，几乎全年可安排生产。在较温暖的地区可利用冬闲田，采用保护棚的措施栽培。播种期安排在 11 月中下旬至 12 月初，使出菇的高峰期处于春节前后，或按市场需求调整播种期，使出菇高峰期处于蔬菜淡季或其他食用菌上市较少的季节。

3. 秸秆原料的选择

大球盖菇可利用农作物的秸秆原料直接栽培，不加任何有机肥，菌丝就能正常生长并出菇。如果在秸秆中加入氮肥、磷肥或钾肥，大球盖菇的菌丝生长反而很差。

大球盖菇的栽培原料来源丰富，主要用稻草、玉米秆、麦草等生料栽培，这些原料在农村极易找到，且成本很低。并且栽培后废料还是优质的有机肥，可用于改良土壤。

4. 秸秆栽培大球盖菇的管理

（1）整地做畦。先把表层的土壤取一部分堆放在旁边，供以后覆土用，然后把地整成垄形，中间稍高，两侧稍低，畦高 10~15 厘米，宽 90 厘米，长 150 厘米，畦与畦间距 40 厘米。

（2）秸秆培养料的预湿。在建堆前麦草（稻草、玉米秸秆）必须先吸足水分，对于浸泡过或淋透了的麦草，自然沥干12~24小时，使含水量达70%~75%。可以用手抽取有代表性的麦草一把，将其拧紧，若草中有水滴渗出，而水滴是断线的，表明含水量适度；如果水滴连续不断线，表明含水量过高，可延长沥干时间。若拧紧后尚无水渗出，则表明含水量偏低，必须补足水分再建堆。

（3）建堆播种。堆制菌床最重要的是把秸秆压平踏实。草料厚度20厘米，最厚不得超过30厘米，也不要小于20厘米。每平方米用干草量20~30千克，用种量600~700克。堆草时每一层堆放的草离边约10厘米，一般堆3层，每层厚约8厘米，菌种掰成鸽蛋大小，播在两层草料之间。播种穴的深度为5~8厘米，采用梅花点播，穴距10~12厘米。增加播种穴数，可使菌丝生长更快。

建堆播种完毕后，在草堆面上加覆盖物，覆盖物可选用旧麻袋、无纺布、草帘、旧报纸等。旧麻袋片因保湿性强，且便于操作，效果最好，一般用单层即可。大面积栽培用草帘覆盖也行。草堆上的覆盖物，应经常保持湿润，防止草堆干燥。

（4）发菌期管理。温度、湿度的调控是栽培管理的中心环节。大球盖菇在菌丝生长阶段要求堆温22~28℃，培养料的含水量70%~75%，空气相对湿度85%~90%。

（5）覆土。播种后30天左右，菌丝接近长满培养料，这时可在堆上覆土，覆土厚度为2~3厘米。

（6）出菇管理。大球盖菇出菇的适宜温度为12~25℃，温度低于4℃或超过30℃均不长菇。一般覆土后15~20天就可出菇。此阶段的管理是大球盖菇栽培的又一关键时期，重点工作是保湿及加强通风透气。大球盖菇出菇阶段空气的相对湿度为90%~95%。

（7）采菇：在菌膜破裂、菌盖未展平前采收为宜，可收3~5潮菇，每潮相隔15~25天，每朵重100~200克。

三、秸秆栽培大球盖菇经济效益分析

利用秸秆种植大球盖菇，生物学效率一般在25%～45%，每平方米可生产大球盖菇5～8千克，按10元/千克计算，可得纯利润30元左右。一个150平方米的菇棚，一批投料约有4 500元的纯收入，效益可观。

总之，大力推广秸秆栽培食用菌技术，以每亩春秋两季的作物秸秆（麦草、玉米秸秆）可供栽培使用来计算，可生产秋菇6 000千克，春菇1 500千克，价值27 000元左右，扣除12 000元左右的材料成本、人工费用及菇房折旧，每亩秸秆种植食用菌的纯收入可达15 000元，远远超过春秋两季作物的经济收入。同时可以减少秸秆焚烧，菌糠还田还可减少农田化肥使用量，保护了农业生态环境，具有非常显著的社会效益。

第四章　秸秆原料化与能源化利用

第一节　秸秆原料化利用

（一）秸秆人造板材生产技术

1. 技术原理与应用

秸秆人造板是以麦秸或稻秸等秸秆为原料，经切断、粉碎、干燥、分选、拌以异氰酸酯胶黏剂、铺装、预压、热压、后处理（包括冷却、裁边、养生等）和砂光、检测等各道工序制成的一种板材。我国秸秆人造板已成功开发出麦秸刨花板，稻草纤维板，玉米秸秆、棉秆、葵花秆碎料板，软质秸秆复合墙体材料，秸秆塑料复合材料等多种秸秆产品。

2. 技术流程

农作物秸秆制板的工艺流程可归结为 2 种，即集成工艺和碎料板工艺。

（1）集成工艺流程（图 4-1）。

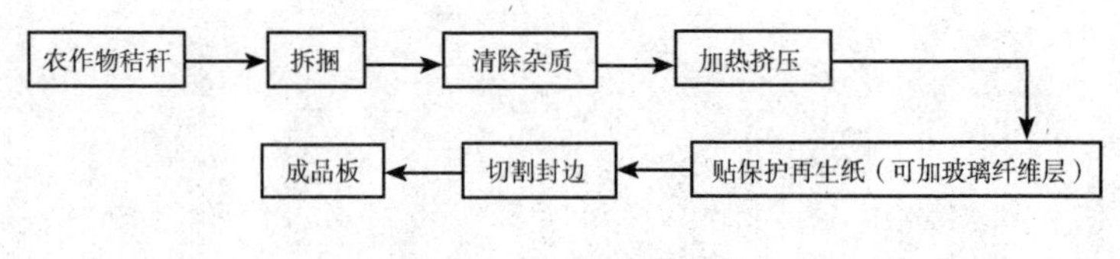

图 4-1　集成工艺流程

（2）碎料板工艺流程（图4-2）

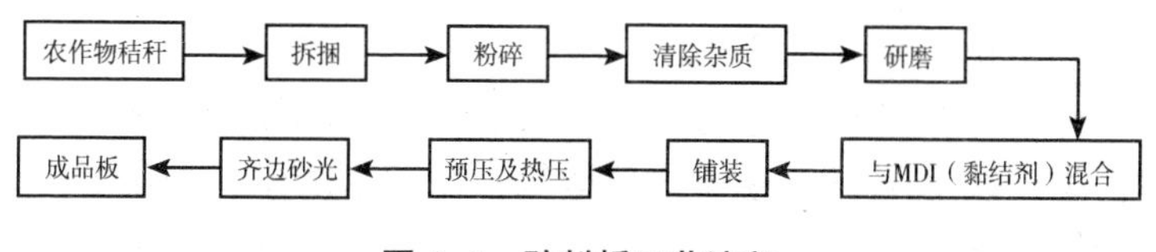

图4-2　碎料板工艺流程

3. 技术操作要点

（1）原料准备。必须配备专门的原料贮场，最好要有遮棚，以防淋雨。为了防止原料堆沤发生腐烂、发霉和自燃现象，应控制好原料含水率，一般应低于20%。

（2）碎料制备。若为打包原料，需用散包机解包，再送入切草机，将稻秸秆加工成50毫米左右的秸秆单元；若原料为散状，则直接将其送入切草机加工成秸秆单元。为了改变原料加工特性，可以对稻秸秆进行处理，一般可以采用喷蒸热处理。工艺上通常用刀片式打磨机将秆状单元加工成秸秆碎料，若借用饲料粉设备时，要注意只能用额定生产能力的70%进行工艺计算。

（3）碎料干燥。打磨后的湿碎料需经过干燥将其含水率降低到一个统一的水平。由于稻秸秆原料的含水率不太高，此外，使用MDI胶时允许在稍高的含水率条件下拌胶，故干燥工序的压力不大，生产线上配备1~2台转子式干燥机即可。

（4）碎料分选。干燥后的碎料要经过机械分选（可用机械振动筛或回转滚筒筛）进行分选，最粗和最细的碎料均去除，可用作燃料，中间部分为合格原料，送入干料仓。

（5）拌胶。生产中采用异氰酸酯作为胶黏剂，施胶量为4%~5%，若采用滚筒式拌胶机，要力求拌胶均匀，为防止喷头堵塞，在每次停机后均需用专门溶剂冲洗管道和喷头。拌胶时还可以加入石蜡防水剂和其他添加剂。拌胶后的碎料含水率控制在13%~15%。

（6）铺装。需要注意在板坯宽度方向上铺装密度的均匀性，同时要防止板坯两侧塌边。

（7）预压和板坯输送。为降低板坯厚度和提高板坯的初强度，生产线上配备了连续式预压机，在流水线中，采用了平面垫板回送系统。

（8）热压。热压温度保持在200℃左右，单位压力在2.5~3.0兆帕，热压时间控制在20~25秒/毫米。

（9）后处理。后处理包含冷却、裁边和幅面分割。经过必要时间后的产品采用定厚砂光机进行砂光，保证板材厚度符合标准规定的要求。

（10）检验。用国产化秸秆碎料板生产线制造的产品其物理力学性能符合我国木质刨花板标准的要求，但甲醛释放量为零。

4. 注意事项

（1）原料含水率要控制。通常贮存的原料含水率在10%左右，当年送到工厂的麦秸秆原料含水率在15%左右。由于使用异氰酸酯胶黏剂，允许干燥后的含水率稍高，在6%~8%，这就表明稻秸秆原料的干燥负载不大，一般仅相当于木质刨花板生产的40%~50%。所以，要根据具体情况设计干燥系统和进行设备选型，以避免造成机械动力、能源和生产线能力的浪费。

（2）原料的收集、运输和贮存。秸秆是季节性农作物剩余物，收获季节在秸秆产区常发生地方小造纸厂、以秸秆为原料的生物发电厂和秸秆板企业之间争夺原料问题，如果没有地方政府行政干预，单凭秸秆板厂独立运作，很难实现计划收购；秸秆的特性是蓬松、质轻、易燃，即便打捆后运输也十分困难，如果秸秆运输半径大于50千米，则运输成本会大大增加；农作物秸秆含糖量比较多，因此易发生霉烂，不利于秸秆贮存。

（3）生产过程中脱模问题。秸秆人造板生产使用异氰酸酯作为胶黏剂，虽然解决了脲醛树脂胶合不良的问题，但同时也存在热压表面严重粘板问题。目前国内解决粘板问题的方法主要为脱模剂法、物理隔离法和分层施胶法。此外，也有在板坯表面铺撒未施胶的细小木粉，隔离异氰酸酯胶与热压板和垫板的接触，从而达到脱模的效果。

（4）施胶均匀性问题。秸秆板以异氰酸酯为胶黏剂，考虑到异氰酸酯的胶合性能及其价格，施胶量一般控制在3%～4%，约为脲醛树脂施胶量的1/4。然而秸秆刨花的密度仅为木质刨花的1/5～1/4。要使如此小的施胶量均匀地分散于表面积巨大的秸秆刨花上非常困难，目前生产实践中采用如下两种施胶方法：一种是采用木刨花板拌胶机的结构，加大拌胶机的体积，以保证达到产量和拌胶均匀的要求；另外一种是采用间歇式拌胶的方法，使得秸秆刨花在充分搅拌情况下完成施胶过程。

（5）板材的养生处理及运输问题。秸秆刨花板往往热压后含水率偏低，置于温湿差异较大的大气空间中，过一段时间后，会吸湿膨胀而发生翘曲变形（薄板更为明显）。为了克服这种现象，需要对板材进行养生处理，消除板材内应力，均衡含水率，消除板材翘曲变形。

5. 适宜区域

秸秆人造板材适宜于全国粮食主产区附近，即农作物秸秆资源量较大的区域。如河北、湖北、江苏、黑龙江、山东、四川、安徽等地。

（二）秸秆复合材料生产技术

1. 技术原理与应用

秸秆复合材料就是以可再生秸秆纤维为主要原料，混配一定比例的高分子聚合物基料（塑料原料），通过物理、化学和生物工程等高技术手段，经特殊工艺处理后，加工成型的一种可逆性循环利用的多用途新型材料。这里所指秸秆类材料包括麦秸、稻草、麻秆、糠壳、棉秸秆、葵花秆、甘蔗渣、大豆皮、花生壳等，均为低值甚至负值的生物质资源，经过筛选、粉碎、研磨等工艺处理后，即成为木质性的工业原料，所以秸秆复合材料也称为木塑复合材料。秸秆复合材料是利用低值甚至负值的生物质材料开发环保节能材料和绿色建筑材料的绿色途径，它不仅打通了第一产业和第二产业的联系通道，也能够在第三产业中发挥重要作用，能够充分体现和实践资源综合利用和可持续发展理念，是经济新常态下新兴生态功能产业的代表性产物。

2. 技术流程

秸秆复合材料工业化生产中所采用的主要成型方法有：挤出成型、热压成型和注塑成型三大类。由于挤出成型加工周期短、效率高、设备投入相对较小、一般成型工艺较易掌握等因素，目前在工业化生产中与其他加工方法相比有着更广泛的应用。

此处重点介绍复合材料挤出成型工艺，从加工程序上分类，它可分为一步法和多步法，一步法是将复合材料的配混、脱挥及挤出工序合在一个设备或一组设备内连续完成；多步法则是把复合材料的配混、脱挥和挤出工序分别在不同的设备中完成——即先将原料配混制成中介性粒料，然后再挤出加工成制品。从成型方式上分类，它可分为热流道牵引法和冷流道顶出法。热流道牵引法主要用于以聚氯乙烯（PVC）为基料的发泡类室内装饰产品系列；而冷流道顶出法则多用于以聚乙烯（PE）、聚丙烯（PP）为基料的非发泡类户外建筑产品系列。

秸秆复合材料两步法挤出成型工艺流程如图 4-3 所示。

3. 注意事项

（1）与加工塑料比，秸秆复合材料生产有许多新的特性和要求，比如要求螺杆要能适应更宽的加工范围，对纤维切断要少，塑料原料处于少量时仍能使木粉均匀分散并与其完全熔融；

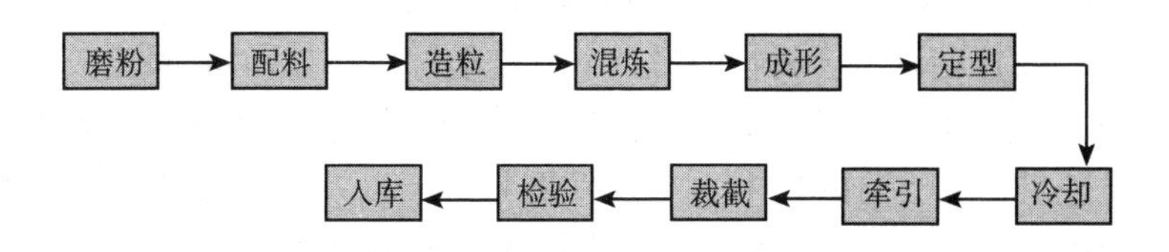

图 4-3　秸秆复合材料两步法挤出成型工艺

由于木质材料比重小、填充量大，加料区体积要比常规型号的大且长；若木粉加入量大，熔融树脂刚性强，还要求有耐高背压齿轮箱；螺杆推动力强，应采用压缩和熔融快、计量段短的螺杆，确保秸秆粉体停留时间不至过长等。同时，秸秆复合材料在加工过程中的纤维取向程度对制品性能有较大的影响，所以必须要合理设计流道结构，以获得合适的纤维取向来满足制品的性能要求。此外，秸秆复合材料制品在相同强度要求下，厚度要比纯塑料制品大，且其多为异形材料，截面结构复杂，这使得其冷却较为困难，一般情况下采用水冷方式，而对于截面较大或结构复杂的产品，就需采用特殊的冷却装置和方法。

（2）不管采用任何一种加工方式，模具于秸秆复合制品的制造来说都是不可或缺的。基于秸秆复合材料的热敏感性，其模具一般采用较大的结构尺寸以增加热容量，使整个机头温度稳定性得以加强；而沿挤出方向尺寸则取较小值，以缩短物料在机头中的停留时间。除了模具的形状合理和参数的准确，模具表面的处理也十分重要，因为其关乎使用寿命和产品精度，特别是在挤出成型的加工方式中。

4. 适宜区域

（1）严格意义上讲，中国的秸秆纤维原料从分布来讲，可以说是遍布于全国各地，基本没有空白地区可言。但在秸秆复合材料生产/销售的实际操中，真正达到产业化应用要求，还面临许多实际困难。所以，应在相关单位的指导下，按照市场化原则合理利用资源，以免造成原料价格无理攀升。

（2）秸秆复合材料的另一个特点是材料/制品的界限比较模糊，比如其板材可以单独作为栈道铺板，也可以仅仅是作为家具基材。从当前的技术水平及发展趋势，以及经济价值和推广应用来看，国内相关企业近期应该在以下领域开始规模化拓展：门窗、家具、饰材、集成房屋和多功能板材。

（三）秸秆清洁制浆技术

秸秆清洁制浆技术是对传统秸秆制浆工艺的革新，其目标是以资源减量化，废弃物资源化和无害化，或消灭于生产过程中为原则，以高效备料，蒸煮等技术手段实现秸秆纤维质量的提高和生产过程污染物产生的最小化和资源化，其工艺路线从生产源头上来防治。该部分重点介绍有机溶剂制浆技术、生物制浆技术和 DMC（digesting wish material cleanly，简称 DMC，可译为“净化原料”）清洁制浆技术。

1. 有机溶剂制浆技术

（1）技术概述。有机溶剂法提取木质素就是充分利用有机溶剂（或和少量催化剂共同作用下）良好的溶解性和易挥发性，达到分离、水解或溶解植物中的木质素，使得木质素与纤维素充分、高效分离的生产技术。生产中得到的纤维素可以直接作为造纸的纸浆；而得到的制浆废液可以通过蒸馏法来回收有机溶剂，反复循环利用，整个过程形成一个封闭的循环系统，无废水或少量废水排放，能够真正从源头上防治制浆造纸废水对环境的污染；而且通过蒸馏，可以纯化木质素，得到的高纯度有机木质素是良好的化工原料，也为木质素资源的开发利用提供了一条新途径，避免了传统造纸工业对环境的严重污染和对资源的大量浪费。近年来有机溶剂制浆中研究较多的、发展前景良好的是有机醇和有机酸法制浆。

（2）技术流程。以常压下稻草乙酸法制浆为例，技术流程为：长度为2~3厘米稻草在液比12：1、0.32% H_2SO_4或0.1% HCl的80%~90%乙酸溶液中制浆3小时。粗浆用80%的乙酸过滤和洗涤3次，然后用水洗涤。过滤的废液和乙酸洗涤物混合、蒸发、减压干燥。水洗涤物注入残余物中。水不溶物（乙酸木素）经过滤、水洗涤，然后冻干。滤液和洗涤物结合、减压浓缩获得水溶性糖。粗浆通过200目的筛进行筛选，保留在筛子上的是良浆，经过筛的细小纤维浆用过滤法回收。

（3）技术操作要点。

①原料。原料为收集好的麦草。贮存期1年左右，含水量为9.5%。人工切割，长度3厘米左右，风干后贮存于塑料袋中平衡水分备用。

②制浆。将麦草和95%的乙酸按10：1的比例加入到带回流装置的圆底烧瓶内，常压下煮沸1小时，此为预浸处理。冷却，把预处理液倾出，同时加入95%的乙酸水溶液及一定量的硫酸蒸煮，液比为10：1。

③洗浆。分离粗浆和蒸煮黑液。粗浆经醋酸水溶液和水相继洗涤后，疏解、筛选得到细浆。

④蒸煮废液的处理。将蒸煮废液与粗浆的乙酸洗涤液混合后用旋转蒸发器浓缩，回收的乙酸用于蒸煮或洗涤，浓缩后的废液中注入8倍量的水使木素沉淀。经沉淀、过滤后与上清液分离，沉淀即为乙酸木素，滤液为糖类水溶液（主要来自半纤维素降解）和少量的木素小分子。

⑤检测。细浆用PFI磨打浆，浆浓为10%。采用凯赛快速抄片器进行抄片，纸页定量60克/米^2。在标准条件下平衡水分后按照国家标准方法测定纸页的性质。

2. 生物制浆技术

（1）技术概述。生物制浆是利用微生物所具有的分解木质素的能力，来除去制浆原料中的木质素，使植物组织与纤维彼此分离成纸浆的过程。生物制浆包括生物化学制浆和生物机械制浆。生物化学法制浆是将生物催解剂与其他助剂配成一定比例的水溶液后，其中的酶开始产生活性，将麦草等草类纤维用此溶液浸泡后，溶液中的活性成分会很快渗透到纤维内部，对木素、果胶等非纤维成分进行降解，将纤维分离。

（2）技术流程。干蒸法制浆是将麦草等草类纤维浸泡后，沥干，用蒸汽升温干蒸，促进生物催解剂的活性，加快催解速度，最终高温杀酶，终止反应。制浆速度快，仅需干蒸4~6小时即可出浆。其主要技术流程为：浸泡、沥干、装池（球）、生物催解、干蒸、挤压、漂白制浆。

（3）技术操作要点。

①浸泡。干净干燥的麦草（或稻草）投入含生物催解剂的溶液中浸泡均匀，约30分钟最好。

②沥干。将浸泡好的麦草捞出后沥干水分，沥出的浸泡液再回用到原浸泡池中。

③装池（球）。将沥干后的麦草或稻草装入池或球中压实。

④生物催解。在较低的温度下进行生物催解，将木素、果胶等非纤维物质降解，使之成为水溶性的糖类物质，以达到去除木素，保留纤维的目的。

⑤干蒸。生物降解达到一定程度后即可通入蒸汽，温度控制在90~100℃，时间3~5小时，杀酶终止降解反应，即可出浆。

⑥挤压。取出蒸好的浆，用盘磨磨细，放入静压池或挤浆机，用清水冲洗后挤干。静压水可直接回浸泡池作补充水，也可絮凝处理后达标排放或回用。

⑦漂白制浆。挤压好的浆可直接进行漂白制浆，漂白后浆白度可达80%~90%，可生产各种文化用纸，生活用纸等。未漂浆可直接做包装纸、箱纸板、瓦楞原纸等。

3. DMC清洁制浆技术

（1）技术概述。在草料中加入DMC催化剂，使木质素状态发生改变，软化纤维，同时借助机械力的作用分离纤维；此过程中纤维和半纤维素无破坏，几乎全部保留。DMC 催化剂（制浆过程中使用）主要成分是有机物和无机盐，其主要作用是软化纤维素和半纤维素，能够提高纤维的柔韧性，改性木质素（降低污染负荷）和分离出胶体和灰分。DMC 清洁制浆法技术与传统技术工艺与设备比较具有“三不”和“四无”的特点。“三不”包括不用愁“原料”（原料适用广泛）；不用碱；不用高温高压。“四无”包括无蒸煮设备；无碱回收设备；无污染物（水、气、固）排放；无二次污染。

（2）工艺流程。DMC 制浆方法是先用 DMC 药剂预浸草料，使草片软化浸透，同时用机械强力搅拌，再经盘磨磨碎成浆。即经切草、除尘、水洗、备料、多段低温（60～70℃）浸渍催化、磨浆与筛选、漂白（次氯酸钙、过氧化氢）等过程制成漂白浆。其粗浆挤压后的脱出液（制浆黑液）明显呈强碱性（pH 值 13.0～14.0，残碱含量大于 15 克/升），浸渍后制浆废液和漂白废水经处理后全部重复使用，污泥浓缩后综合利用。

（3）技术操作要点。

①草料经皮带输送机输送到切草机，切成 20～40 毫米，再转送到除尘器，将重杂质除去，然后送入洗草机，加入 2%DMC 药剂，经过洗草辊不停地翻动，把尘土洗净。

②洗净的草料进入备料库后再转入预浸渍反应器，反应器加入 2%DMC 药剂，温度 60℃，高速转动搅拌，使草料软化。

③预软化后的草料由泵输送到 $1^{\#}$DMC 动态制浆机，并依次输送到 $2^{\#}$～$5^{\#}$，全程控温 60～65℃，反应时间 45～50 分钟。

④制浆机流出的草料已充分软化和疏解，再用浆泵送入磨浆机，磨浆后浆料经加压脱水，直接进入浆池漂白，一漂使用 ClO_2，二漂使用 H_2O_2，即制成合格的漂白浆粕。

⑤流出的 DMC 反应母液进入母液池，经固液分离，液相返回 DMC 贮槽，浆渣送界外供作他用。全程生产线不设排污管

道，只耗水不排水，称“零”排污。

第二节　秸秆能源化技术

一、秸秆固化成型燃料

（一）秸秆固化成型燃料技术现状

秸秆固化成型燃料是指在一定温度和压力作用下，以农作物秸秆作为原料，将农作物秸秆压缩为棒状、块状或颗粒状等成型燃料，从而提高运输和贮存能力，改善秸秆燃烧性能，提高利用效率，扩大应用范围。

秸秆成型后，体积缩小 6~8 倍，密度为 1.1~1.4 吨/米^3，该燃料与煤相比，能源密度与中质烟煤单位体积热值相当，使用时火力持久，炉膛温度高，燃烧特性明显得到改善，燃烧性能好，污染物排放少，生产成本低，可以代替木柴、煤炭为农村居民提供炊事或取暖用能，也可以在城市作为锅炉燃料，替代天然气、燃油，是一种可再生的替代煤的燃料。

我国对秸秆固化成型技术进行了卓有成效的研究，研制出了不同的固化成型技术及设备，设备向小型化、移动化方向发展，推动了固化成型颗粒燃料的规模化生产和产业化应用。生物质常温固化成型技术，通过独创的纤维碾切搭接技术，在常温下把粉碎后的生物质材料压缩成高密度成型燃料。由于不需要在加热的条件下生产，能耗降低，成型设备体积减小，综合生产成本降低。秸秆固化成型燃料是继煤炭、石油、天然气之后的第四大能源，是取代矿产能源的可再生资源，是未来发展的一个重要方向。

（二）秸秆固化成型燃料优点

（1）秸秆在燃烧时，燃点低，起火快，火力大，烟尘少，无二氧化硫排放，无刺激性气味，是国际上公认的零污染燃料。

（2）秸秆煤热值和煤相当，热利用率高，而且价格低于煤炭，节能省钱效果十分理想。秸秆煤制作技术简单易学，制作设备及技术可以很大程度上普及，而且操作方便，工人简单培训就可以直接上岗。

（3）节能环保，利国利民，国家政策支持，无后顾之忧。

（4）密度大，占地少，降低运费，清洁卫生，取用方便。

（5）燃点低，容易生火，热值高。通过加入不同的煤化剂配方，可以让块煤和颗粒煤的热值达到14 654~25 121千焦（3 500~6 000大卡），效果和煤一样。

（6）燃烧时间长，成本低廉，利于环保，是绝对的清洁能源。

（7）适用于所有炉具，适合农村、城市，适合单位、家庭，是做饭、取暖、洗浴、烧锅炉以及秸秆发电的理想材料。

（8）颗粒煤小质硬，便于摆放分布，它是陶工烧纸、砖瓦厂以及冶炼行业的首选材料。

（9）秸秆煤在燃烧后的灰烬中，富含钙、镁、磷、钾、钠等元素，是上好的速效有机肥。

（三）秸秆固化成型燃料技术的工艺流程

物质成型对原料的种类、粒度、含水率都有一定的要求，一般秸秆固化成型燃料生产工艺流程包括以下步骤：秸秆粗粉碎→干燥→细粉碎→筛选→加工成型→碳化→木炭。

（1）木屑、稻壳等由于粒度细小，筛除杂物即可直接使用，秸秆、麦秸等需经专用设备进行适当的粉碎，至粒度在10毫米以下。

（2）物料都要进行干燥，秸秆含水率一般在20%~40%。干燥方式一般宜采用气流式，以秸秆燃烧产生的烟道气为热源，物料在干燥管内干燥后由旋风分离器排出。

（3）成型是生物质固化技术的核心，成型的方式有多种，但目前使用最多的还是以螺杆输送和压缩物料的连续挤出，其特点是成型燃料的密度大，表面质量好，最主要的是成型燃料碳化后所得木炭的质量好。根据物料的种类和含水率，控制适宜的成型温度即可得到密度较大、表面光滑、无明显裂纹、任意长度的中空棒状成型燃料。但也存在能耗大、设备易磨损的缺点。

生物质固化成型的设备包括粉碎机、干燥设备、成型机、碳化釜等。原料的含水率对棒状燃料的成型过程及产品质量影响很大，当原料水分过高时，加热过程中产生的蒸汽不能顺利地从燃料中心孔排出，造成表面开裂，严重时产生爆鸣，但含水率太低成型也很困难，这是因为微量水分对木质素的软化、塑化有促进作用。对木屑、秸秆等物料，成型的适宜含水率范围为6%~10%。不同种类的秸秆木质素含量有较大差异，但成型所需适宜含水率基本一致。

二、秸秆降解制取乙醇

乙醇俗称酒精，可以玉米、小麦、薯类、糖蜜等为原料，经液化糖化、发酵、蒸馏而制成，还可进一步脱水为无水乙醇。纤维素类物质是自然界中最丰富的可再生资源之一。在我国随着液体燃料乙醇的广泛应用，利用农作物秸秆发酵生产燃料酒精不但可以生产出辛烷值高、对大气无污染的液体燃料乙醇，而且还可以增加社会经济效益，改善环境。利用秸秆生产燃料乙醇是生物质产品商业化的重要目标，燃料乙醇是一种巨大的可再生能源，因此以秸秆为原料生产燃料乙醇具有其他淀粉质原料不可比拟的优势。不少国家在多年以前就已开展此项工作，美国、巴西等国家推广使用燃料乙醇已经给国家带来了巨大的综合效益。

秸秆降解制乙醇主要包括以下几个步骤。

（一）预处理

纤维质材料的预处理是转化乙醇过程中的关键步骤，该步骤的优化可明显提高纤维素的水解率，进而降低乙醇的生产成本。纤维质材料预处理的方法很多，包括物理法、化学法、生物化学法以及几种方法的联合作用。

用蒸汽爆破和生物方法对秸秆进行预处理较为经济和可行，是未来发展的方向。其中，蒸汽爆破法较适合当前纤维素乙醇的产业化发展要求。玉米秸秆结构复杂，纤维素、半纤维素被木质素包裹，而且半纤维素部分和木质素共价结合，纤维素具有高度有序的晶体结构，因此必须经过预处理，使得纤维素、半纤维素、木质素分离开，切断它们的氢键，破坏晶体结构，降低聚合度。

（二）酸水解和酶水解

水解是破坏纤维素和半纤维素中的氢键，将其降解成可发酵性糖（戊糖和己糖）的过程。纤维素水解只有在催化剂存在下才能显著地进行，常用的催化剂是无机酸和纤维素酶，由此分别形成了酸水解工艺和酶水解工艺，纤维素的酒精发酵传统上以酸法水解工艺为主。稀酸水解要求在高温和高压下进行；浓酸水解相应地要在较低的温度和压力下进行，反应时间比稀酸水解长得多。由于酶解反应条件温和，设备简单，能耗低，污染小，因此纤维素酶解条件的研究得到广泛的重视。从现有的水平来看，采用温和的酶水解技术可能更为合适，酶水解是生化反应，与酸水解相比，它可在常压下进行，这样减少了能量的消耗，并且由于酶具有较高选择性，可形成单一产物，产率较高。

（三）发酵

从葡萄糖转化成乙醇的生化过程是简单的，通过传统的酒精酵母，使反应在30℃条件下进行。半纤维素占农作物秸秆相当大的部分，其水解产物为以木糖为主的五碳糖，故五碳糖的发酵效率是决定过程经济性的重要因素。木糖的存在对纤维素酶水解起抑制作用，将木糖及时转化为乙醇对农作物秸秆的高效率酒精发酵是非常重要的。目前主要的发酵方法有以下几种。

1. 直接发酵法

本方法的特点是基于纤维分解细菌直接发酵纤维素生产乙醇，不需要经过酸水解或酶解前处理过程。该方法一般利用混合菌直接发酵。

2. 间接发酵法

间接法即糖化、发酵二段发酵法，它是用纤维素酶水解纤维素，收集酶解后的糖液作为酵母发酵的碳源，也是目前研究最多的一种方法。

3. 同步糖化发酵法

同步糖化发酵法与间接发酵法原理相同，是在同一个反应罐中进行纤维素水解（糖化）和乙醇发酵的同步糖化发酵法。纤维素酶对纤维素的酶水解和发酵糖化过程在同一装置内连续进行，水解产物葡萄糖由菌体的不断发酵而被利用，消除了葡萄糖因基质浓度对纤维素酶的反馈抑制作用。在工艺上采用一步发酵法，简化了设备，节约了总生产时间，提高了生产效率。

4. 固定化细胞发酵

固定化细胞发酵能使发酵罐内细胞浓度提高，细胞可连续使用，使最终发酵液乙醇浓度得以提高，被看作是秸秆生产乙醇的重要方法。

三、秸秆直接燃烧发电技术

秸秆资源是新能源中最具开发利用价值的一种绿色可再生能源，是最具开发利用潜力的新能源之一，具有较好的经济、生态和社会效益。每 2 吨秸秆的热值就相当于 1 吨标准煤，而且其平均含硫量只有 3.8‰，而煤的平均含硫量约达 1%，它的灰含量均比目前大量使用的煤炭低，在生物质的再生利用过程中，排放的 CO_2与生物质再生时吸收的 CO_2达到碳平衡，具有 CO_2零排放的作用，是一种很好的清洁燃料，在有效的排污保护措施下发展秸秆发电，会大大地改善环境质量，对环境保护非常有利。如果将我国每年生产的 6 亿多吨秸秆资源用于发电，相当于 0.9 亿千瓦火电机组年平均运行5 000 小时，年发电量为4 500亿千瓦·时。农村推广实施秸秆发电技术，在节省不可再生资源、缓解电力供应紧张等方面都具有特别重要的意义。

（一）秸秆燃烧发电的方式

秸秆燃烧发电的方式可分为两种，即秸秆气化发电和秸秆直接燃烧发电。

1. 秸秆气化发电

秸秆气化发电是在气化炉中将秸秆原料在缺氧状态下燃烧，发生化学反应，生成高品位、易输送、利用效率高的可燃气体，产生的气体经过净化，供给内燃机或小型燃气轮机，带动发电机发电。但秸秆气化发电工艺过程较复杂，难以适应大规模应用，一般主要用于较小规模的发电项目，多数不大于 6 兆瓦。

2. 秸秆直接燃烧发电

秸秆与过量空气在锅炉中直接燃烧，或是将秸秆燃料与化石燃料混合燃烧，释放出来的热量与锅炉的热交换部件换热，产生出的高温、高压蒸汽在蒸汽轮机中膨胀做功转化为机械能驱动发电机发出电能。秸秆直接燃烧发电技术已基本成熟，进入推广阶段，这种技术在规模化情况下，效率较高，单位投资也较合理；但受原料供应及工艺限制，发电规模不宜过大，一般不超过 30 兆瓦。适用于农场以及我国北方的平原地区等粮食主产区，便于原料的规模化收集。秸秆直接燃烧发电是 21 世纪初期实现规模化应用的唯一现实的途径。

(二) 秸秆发电的工艺流程

1. 秸秆的处理、输送和燃烧

发电厂内建设独立的秸秆仓库，要测试秸秆含水量。任何一包秸秆的含水量超过25%，则为不合格。在欧洲的发电厂中，这项测试由安装在自动起重机上的红外传感器来实现。在国内，可以手动将探测器插入每一个稻秆捆中测试水分，该探测器能存储99组测量值，测量完所有秸秆捆之后，测量结果可以存入连接至地磅的计算机。然后使用叉车卸货，并将运输货车的空车重量输入计算机。计算机可根据前后的重量以及含水量计算出秸秆的净重。

货车卸货时，叉车将秸秆包放入预先确定的位置；在仓库的另一端，叉车将秸秆包放在进料输送机上；进料输送机有一个缓冲台，可保留秸秆5分钟；秸秆从进料台通过带密封闸门(防火）的进料输送机传送至进料系统；秸秆包被推压到两个立式螺杆上，通过螺杆的旋转扯碎秸秆，然后将秸秆传送给螺旋自动给料机，通过给料机将秸秆压入密封的进料通道，然后输送到炉床。炉床为水冷式振动炉，是专门为秸秆燃烧发电厂而开发的设备。

2. 锅炉系统

采用自然循环的汽包锅炉，过热器分两级布置在烟道中，烟道尾部布置省煤器和空气预热器。由于秸秆灰中碱金属的含量相对较高，因此，烟气在高温时（450℃以上）具有较高的腐蚀性。此外，飞灰的熔点较低，易产生结渣的问题。如果灰分变成固体和半流体，运行中就很难清除，就会阻碍管道中从烟气至蒸汽的热量传输。严重时甚至会完全堵塞烟气通道，将烟气堵在锅炉中。由于存在这些问题，因此，专门设计了过热器系统。

3. 汽轮机系统

汽轮机和锅炉必须在启动、部分负荷和停止操作等方面保持一致，协调锅炉、汽轮机和凝汽器的工作非常重要。

4. 环境保护系统

在湿法烟气净化系统之后，安装一个布袋除尘器，以便收集烟气中的飞灰。布袋除尘器的排放低于25毫克/米^3，大大低于中国烧煤发电厂的烟灰排放水平。

5. 副产物

秸秆通常含有3%~5%的灰分。这些灰分以锅炉飞灰和灰渣、炉底灰的形式被收集，这些灰分含有丰富的营养成分，含有氧化钾6%~12%，也含有较多的镁、磷和钙，还含有其他微量元素，可用作高效农业肥料还田，提高土壤养分含量，改善土壤理化性质。

四、秸秆干馏技术

秸秆干馏是指粉碎的秸秆在隔绝空气的情形下发生的限氧自热式热解工艺和热解气体回收工艺，是将秸秆在一个系统上保留一定的干馏时间，转化得到中热值的生成炭、可冷凝液体（木焦油和木醋液的混合物，通过净化分离可得到木焦油、木醋液）、可燃气体产物的过程。

干馏是一种重要的热化学转换过程，不仅仅因其是能产生高能量密度产物的独立过程，更因其是气化和燃烧等过程必须经历的步骤，同时热解特性对热化学的反应动力学及相关反应器的设计和产物分布具有决定性的影响。通常干馏和气化等方式区分并不严格，但是干馏所需的反应温度比气化低，因为气化目的是为了最大化气体产物的产量，而干馏更注重炭和液体的生成。因此，秸秆的干馏是秸秆在完全缺氧条件下，或气化不足以在很大程度上发生时的热降解，是为了得到炭、液体和气体产物的热化学过程。

（一）秸秆干馏技术的优点

秸秆干馏技术可将秸秆转换成燃气、电能、木炭、焦油、木醋液等多项产品，生物质炭和燃气可作为农户或工业用户的生产生活燃料，焦油和木醋液可深加工为化工产品，实现秸秆资源的高效利用。该项技术适用于小规模、多网点建设、集中深加工的发展方式。有利于居民和企业节约矿物能源，促进多行业、多领域发展，是一个良好的可循环的农业生态模式。

（二）秸秆干馏的四个阶段

（1）第一阶段是热解干燥过程。秸秆刚加热不久，在150℃以下排出的是水蒸气，物料含水分越多，水蒸气消耗就越长，消耗的能源也越多。因为只有把水分蒸干了才能开始热解。蒸发出的水蒸气将进入后续设备中，被冷凝到木醋液中，降低木醋液浓度，增加木醋液的回收负荷。在实际生产过程中，一般都安装原料干燥设备，尽量减少热解原料的水分。

（2）第二阶段是预炭化阶段。当原料中的水分被蒸干后，随着温度上升至150~275℃，原料中的半纤维素等不稳定成分开始分解，干馏热解出的气体主要是CO_2、CO和少量的醋酸，这时产出的气热值很低。以上两个阶段都是吸热反应，都需要加热。

（3）第三阶段是热解炭化阶段。这一阶段可保持到450℃。当温度继续上升，超过275℃时，原料开始加快分解，随着温度提高，分解速度加快，生成大量分解物，如甲烷、乙烷、乙烯、醋酸、甲醇、丙醇、木焦油等，由于生物质中含有氧元素，这一阶段是放热反应，不需外界加热。秸秆干馏热解的主要产物都是在这个阶段生成的，特别是木醋液、木焦油，几乎全部都是在这个阶段中形成的。如果目标是生产炭为主，这时即可停止加热，得到的产物为炭、木焦油、木醋液，每吨原料可产炭

330~400 千克。因为产品炭中还有一些挥发分没被分解出来，而木煤气产量很低，热值也不太高，一般在 12 560 千焦/米^3（3 000大卡/米^3）左右。

（4）第四阶段是煅烧阶段。生产的目标是以得到质量好、气量和热值也增加的木煤气，那么就要增加煅烧温度到 500℃，甚至加到 600℃、700℃，乃至1 000℃以上，使热解过程继续进行下去。煅烧阶段随着温度的升高，木煤气的产量和热值大大提高，木煤气的主要成分是 CH_4和 H_2。在1 000℃下热解，木煤气的热值可达25 121千焦/米^3（6 000大卡/米^3）。煅烧阶段不再产生木醋液和焦油，木炭的产量也大大下降（220~230 千克/吨原料）。

（三）秸秆干馏工艺流程

1. 备料

备料工作包括粉碎、干燥和成型等。秸秆经风干并除去杂物，在含水率小于 15%的时候，经干燥粉碎将秸秆用打包机压成秸秆包块。这一过程属于季节性生产，在每年 11 月份开始，次年 6 月份结束，原料以秸秆、果树枝为主，其中玉米秸秆占大部分。压缩成包后的秸秆比重加大，可在料场堆放备用。

2. 制气

将成型秸秆装入热解炉底部，用回炉煤气对热解炉底部加热，经一段时间后，原料被加热到 450℃，保持一定干馏时间，即可热解出可燃气。由热解炉出来的可燃气进入焦油初分离器，然后进入冷却分离器除去冷凝液，再进入中和净化器，除去燃气中的醋酸等酸性物质。除酸后的燃气经罗茨鼓风机加压后经除焦油器被送入储气柜中，再经燃气输配系统送到用户，净化燃气约占原料重量的 30%。热解完毕将干馏好的木质炭推入熄炭箱中，用水将炽热的炭熄灭成炭粉，可作为商品炭粉出售。

3. 燃气净化

由热解炉出来的燃气经过冷却、回收化工产品、除去有害杂质后方可使用。

（四）秸秆干馏热解的产物

秸秆热解是在隔绝空气的状态下进行的，1 吨秸秆（水分 8%以下）可产可燃气 280~300 米^3，热值在 18 841~20 097 千焦/米^3（4 500~4 800 大卡/米^3），同时可产木质炭 300~330 千克，木焦油 40~60 千克、木醋液 240~260 千克。

1. 可燃气

秸秆被热分解成小分子物质，一般分子量在 50 以下者，在常温下呈气态，产出的燃气以烷类为主，产生的燃气热值较高，主要成分为甲烷、乙烷、丙烯、一氧化碳、氢气、二氧化碳、乙烯、乙炔、丙烷、丁烯等，都是可燃物，组成为木煤气，不含硫化氢、氨和萘，热值大于 14.7 兆焦/米^3（3 500 大卡/米^3）。在热解温度低时，含一氧化碳、二氧化碳为主；在 320~360℃热解，甲烷、一氧化碳增加；在 400℃以上热解，主要是甲烷、乙烯、丙烯、丁烯、乙炔等，这时的木煤气热值最高；450℃以上，氢气产量增加。木煤气中不含硫化氢、氨和萘，其各种杂质指标均优于城市煤气，焦油含量小于 10 毫克/升，符合城市煤气规定的要求，长时间使用也不会造成管道堵塞，可作为居民生活燃气，也可用作电子、玻璃制品的热加工燃料。

2. 木质炭

保持一定干馏时间（6~8 小时），制气完毕，热解炉自然冷却后，最后残留在热解炉中的固定物就是干馏好的木质炭，一般占原料重量的 1/3 左右，灰分小于 10%，热值为 29 308 千焦/千克（7 000 大卡/千克）上下，碳含量在 76%~84%。木质炭的产量与原料有关，更与干馏温度有关。温度越高，热解消耗用去的炭就越多，因而炭产量就越低。如对玉米秸秆干馏时，温度 350℃

时，产炭 302 千克，450℃时产炭 290 千克，1 200℃时产炭 180 千克。但是木质炭主要以碳（C）元素为主，干馏温度越高，碳元素含量就越高，热值就越高。

木质炭主要作为燃料炭，因不含致癌物质，特别适合熏烤食物；可用于冶金还原物和渗碳剂；因杂质低，特别适用于有色冶金业；可作为水处理剂，吸附水中杂质；可作为废气吸附剂，用于环保工业；可以制作各种类型的活性炭；可作为松散剂，改良土壤；可以代替炭黑，作为各种添加剂。也可与氮肥混合使用作为缓释化肥，每 50 千克氮肥掺进 10%的木质炭，可节省 50%的化肥，且产量可提高 15%~20%。

3. 木焦油

焦油随气体进入初分离器及冷却分离器，分离出的冷凝液流到焦油、醋液分离槽，分离出来的木焦油约占原料重量的 10%，木焦油优于煤焦油，是生产油漆的原料，也是橡胶生产业的添加剂，还可作为抗凝剂、防腐剂、黏结剂等。

4. 木醋液

分离出的木醋液约占原料重量的 30%，成分有乙酸、乙醛、甲醇、丙酮、甲酯等，可提纯醋酸，用于食品和有机合成工业；可制造醋酸钙、醋酸钠，用于染织工业等。该产品稀释 500~5 000倍，可作无毒杀虫剂。

第五章　秸秆收储运技术

秸秆作为一种散抛型、低容重的生物质资源，具有分散、季节性、能量密度低、储运不方便等特点，严重地制约了其规模化应用。秸秆收储运就是将分散在田间地头的秸秆，在保持其利用价值的前提下，采用经济、有效的收集方法和设备，及时进行收集、运输和存储或直接运输至秸秆利用企业，是秸秆有机肥、饲料化、能源化、原料化、基料化等资源化利用的基础。

第一节　秸秆收储运模式

一、分散型秸秆收储运模式

（一）“公司+农户”型模式

“公司+农户”是农户为了不影响下茬农作物耕种，把自己地里的秸秆清理出来，直接送到工厂卖掉的方式。一般是公司附近的农民，将自己的秸秆收获后，采用三轮车或平板车，直接送到公司。这种供应方式的特点是：

（1）供应距离近，方圆5千米以下居多。

（2）供应量少，一般为农户自家承包地所有秸秆产量。

（3）供应时间短，具有随机性，不便于管理和控制。

该模式主要应用于农作物秸秆消耗量小的能源化企业，如秸秆气化、固化等。

（二）“公司+经纪人”型模式

“公司+经纪人”收集模式是指秸秆利用企业或公司通过宣传、培训、双方协商等方式组织一支有机动能力的收购队伍，收购队伍由原料收购专业户或者秸秆经纪人等组成，专门负责秸秆原料的收集、晾晒、储存、保管、运输等任务，秸秆经纪人与公司达成长期供货协议，原料通过专业户到农户地里收集后再汇集到公司。

秸秆经纪人一般采取两种方式收购秸秆：一是秸秆经纪人自己购置运输车辆，设立简易储料场，从农户手中收购秸秆，存放在储料场，定期向生物质发电厂、成型燃料厂等企业供应原料；二是秸秆经纪人培育一批秸秆收购户，并定期预支给收购户周转资金，用来收购秸秆、购买手扶拖拉机等农用运输工具，由这些收购户常年走村串巷收购秸秆，并负责直接运送到发电厂。该供应方式的特点是：

（1）供应距离远，辐射面达方圆 20~30 千米。

（2）供应量大。

（3）供应时间长，供应容易控制。

这种模式多用于农作物秸秆消耗量大的能源化企业，如生物质秸秆发电厂、大型的生物质固体成型燃料企业等。

农作物秸秆属于量大轻抛物品，晾晒、存储需要占用大量空闲地方，采用分散型收集模式，能够将秸秆的储存、运输分散到广大农村和农户解决，可以将收晒储存问题化整为零加以解决。因此生物质秸秆发电厂、成型燃料厂等企业不再投资建设大型的储存场地，大大降低了企业对秸秆原料的投资、管理和维护成本。

但这种模式存在的问题是企业所需的原料很大程度上受制于农户、秸秆经纪人，由于农户、秸秆经纪人不隶属于任何组织，管理相对松散。另外随着原料的需求的增加，企业之间存在原料竞争，农户、秸秆经纪人为了追求最大利润，会随机抬高收购价，或将秸秆送到其他竞争性企业。因此，这种模式仅适用于秸秆资源丰富、竞争性用途少、秸秆原料供应充足的地区。

二、集约型秸秆收储运模式

（一）“公司+基地”集约型收储运模式

“公司+基地”主要指企业与附近的农场、林场、木材加工场等农林剩余物分布集中、储量大的单位签订原料供应协议，根据实际情况，统一调配各原料基地的原料，以满足加工厂的原料需求。

该供应方式的特点是：

（1）供应距离远，辐射面达方圆 20 千米以上。

（2）供应量大，原料供应稳定，可以进行原料的粗加工，如粉碎、打包。

（3）供应时间长，供应容易控制。

（4）原料统一调配，减少储运成本。

这种模式主要应用于农作物秸秆消耗量小的能源化企业，如秸秆气化、固化等。

（二）“公司+收储运公司”集约型收储运模式

该模式主要用于大型生物质秸秆发电厂，而且秸秆收储运公司也是有秸秆发电厂培养发展起来的。

秸秆收储公司对秸秆实行分散收集、统一储运管理：以现有农户或秸秆经纪人作为秸秆的主要收集者，进行秸秆的收集、晾晒后，按照收储公司的要求统一运送到秸秆收储点进行储存、保管。还有些收储公司通过培育秸秆农民合作组织，与合作组织签订合同，规定收购的数量、质量、价格等内容，由专业合作组织把分散农户组织起来，负责原料收集、预处理和小规模储存，然后根据需要定期运送到收储站，逐步形成从农民合作组织到秸秆收储公司到利用企业这样一个系统的秸秆收储运体系，保证了原料的长期有效供应。

公司也是有秸秆发电厂培养发展起来的。例如，黑龙江国能望奎生物质发电厂下设专业秸秆收储运公司，收储公司在周边乡镇分散设有 12 个秸秆收储站，总储料能力可达 10 万吨以上，收储公司配有专门的运输队，按照原料使用计划把秸秆运送到发电厂。

采用集约型收储运模式，秸秆收储运公司需要建设大型秸秆收储站，占用土地多，还要进行防雨、防潮、防火和防雷等设施建设，并需投入大量人力、物力进行日常维护和管理，一次性投资较大，折旧费用和财务费用等固定成本较高。

但秸秆发电企业通过与收储公司签订供货合同，使秸秆的供应变成企业法人之间的商业活动，从根本上解决了秸秆供应的随意性和风险，能够确保秸秆原料的长期稳定供应。而且秸秆收储公司采用先进的设备和技术对秸秆原料进行质检、粉碎、打捆等，确保秸秆质量，提高秸秆利用效率。

第二节　秸秆收储运设备

在发达国家，农作物秸秆收获机械已经有将近 100 年的发展历史，因此国外农作物秸秆的收集主要以机械为主，且以集约型收储运模式为主，目前农作物秸秆收集已形成了与秸秆综合利用产业相衔接、与农业技术发展相适宜、与农业产业经营相结合、与农业装备相配套的产业技术体系。满足了以农作物秸秆为原料的规模化饲养、工业化发电，以及液化、气化等新兴技术发展的需要。

一、秸秆收集设备

我国农作物秸秆传统收集方法主要靠人工获得，作业人员劳动强度大、效率低。随着机械化的快速发展，一些秸秆可以通过机械收集完成，不仅减少了劳动时间、减轻劳动强度，还提高了农业生产经济效益，其中粉碎后收集、直接打捆收集是两种主要的形式。

（一）打捆收集

（1）国内外打捆机械现状。目前，国内生产的大型捡拾机械以内蒙古宝昌牧业机械厂研发的方型打捆机为代表，收获后草捆长宽高分别为：（600～1 200）毫米×460 毫米×360 毫米，草捆重量 15～25 千克，工作可靠、搬运方便，适合单一作业。黑龙江省牧机所研制的 9WjD-50 型卧式秸秆打包机也得到了应用，该机器通过 24 马力（1 马力≈735 瓦）柴油机或 18 千瓦电动机驱动，压缩后形成 320 毫米×320 毫米×700 毫米、重 25 千克左右的方捆，密度达 340～360 千克/米^3，可堆放高度 3～4.5 米，一般在田间地头或者交通比较便利的庭院场地进行作业。通过压捆打包的秸秆，减少了储存空间，而且外形规则便于运输，运输成本低。

另外，个体农户也会使用与小四轮拖拉机配套的小型圆捆打捆机，圆捆机由于是间歇打捆，因而生产率不高，捆扎的密度较低，装运和储存不太方便，但是其结构相对简单、体积小、成本低、操作维修简单。

目前，国外秸秆收集使用的机械大多为高密度大方捆或圆捆打捆机，作业效率高，草捆便于运输和存储，设备价格也很高。其中，圆捆打捆机有内卷式和外卷式两种形式，著名生产厂家有海斯顿、克拉斯、纽荷兰等，打捆直径一般为 0.6～1.2 米，市场上甚至出现了 1.8 米的大型圆捆打捆机，生产效率高。方捆打捆机相对于圆捆来说，技术和结构更复杂，但收获草捆密度高、拥型整齐，易于储运，目前方捆设备生产商以海斯顿、爱科、迪尔等公司著称。

另外，发达国家与打捆机相配套的搂草机、装载设备、运输设备也较为齐全。目前，国际上最大的三家设备制造商分别是德国 CLAAS（克拉斯）公司、美国 CNH（凯斯-纽荷兰）公司、美国 JOHN DEERE（约翰迪尔）公司，装备种类并全，配套性能高，可实现秸秆收获的全程机械化。

（2）不同打捆机分析比较。打捆设备主要包括小方捆打捆机（小方捆机）、中型方捆打捆机、大方捆打捆机（大方捆机）、圆捆打捆机（圆捆机）。

小型方捆打捆机的草捆质量 18~25 千克，草捆规格（36~41）厘米×（46~56）厘米×（31~132）厘米，由于草捆较小，可在秸秆水分相对较高时进行打捆作业，收获质量较高，造价相对较低，投资较小；适于长途运输，需要拖拉机的动力输出轴功率较小，最小动力输出功率为 25.7 千瓦；草捆可采用人工装卸，不足之处是打捆作业及草捆搬运作业需要较多的劳力。

中型方捆的草捆质量 450 千克左右，草捆规格 80 厘米×80 厘米×250 厘米左右，需要 55.1~73.5 千瓦以上的拖拉机进行配套。

大型方捆打捆机主要用于秸秆收集，草捆质量为 510~998 千克，草捆截面尺寸为（80~120）厘米×（70~127）厘米，长度达到 250~274 厘米，需要 73.5~147 千瓦的拖拉机进行配套。大型方捆打捆机作业效率较高，运输方便，可直接打包，制作青贮饲料；打捆机的造价相对较高，投资较高，需要拖拉机发动机功率较大。

圆草捆的质量一般为 134~998 千克，草捆长度为 99~156 厘米，草捆直径为 76~190 厘米，草捆的大小可进行调节，圆捆可用网包和捆绳打紧。圆捆打捆机（图 5-1）的作业效率比小型方捆打捆机高，可在打捆后进行打包，直接制作青贮饲料；配套拖拉机功率高于小型方捆打捆机，低于大型方捆打捆机；草捆必须采用机械化装卸与搬运，不适于长途运输。

图 5-1 M120 型圆捆打捆机

(二) 田间粉碎收集

散草料收获主要有两类机型，一类是秸秆青饲收获机；另一类是散秆捡拾装运车。目前，秸秆青饲料收获已由单一的针对具体作物的专用机型发展成为以设计开发青饲联合收获作业底盘，集田间越野行走、喂入、切碎、抛送为一体，再配以青饲割台、捡拾系统或者收割喂入系统等模块化部装，完成各种功能要求。散秆捡拾装运车已由最初的捡拾、装载、卸料等功能，发展成为集收割、搂集、喂入、切割、抛送、压缩、计量、自动卸料一体化的复合作业设备，而且演变为牵引式和自走式两种机型，配备了更为精密的电液控制系统，有效容积也衍伸为大、中、小等不同规格的机型。

目前，我国现有的粉碎机型号很多，燕北畜牧机械集团有限公司、中国农业机械化科学研究院等都有生产。4JH-170 的秸秆粉碎回收机主要由秸秆切断丝化装置和秸秆回收装置两部分组成，由 55~60 千瓦拖拉机后悬挂牵引作业，在田间边行走边工作。其优点：减少散料收集运输成本，作业操作人员少、便于组织，劳动力成本低；缺点：粉碎加工时受限制条件较多，如下雨、田间泥泞等，作业周期较短。

目前，我国农作物秸秆散草料主要是靠人工收集的方法获得。在农作物收获时，农作物籽粒随同秸秆一起运回打晒场地，经人力或机械对作物脱粒后，将秸秆码垛堆放，这主要适用于水稻、小麦秸秆。对玉米秸秆的收集，则是在大田里将玉米棒收获后，再将玉米秸秆收割后运回，由农户进行封存堆放。也可采用联合收割机收获籽粒，将农作物秸秆用运输工具运回存放场地。谷物脱粒后，秸秆的水分仍然很高，不及时晾晒极易腐烂而无法再利用。一般秸秆的晾晒方式是将其捆成小捆，将其立起，使其保持通风，为减少生物反应造成的能量损失，注意不要在阳光下暴晒，尽量放在阴凉、通风处。应尽快干燥，防止其缓慢干燥，使酶的活动加剧，发生氧化分解，而降低燃烧热值。秸秆也不易晾晒过干，水分应控制在 15%～17%，不超过 20%，这样既利于秸秆的品质，又有助于运输和贮藏。水分超过 30%时，若温度适宜，微生物就可能繁殖，使秸秆慢慢腐烂、发霉；晾晒过干，水分小于 12%时，秸秆一碰即碎，降低其韧性，在运输，堆积贮藏时，很容易使茎叶折断、破碎或脱落。并且水分过低使秸秆与主要工作部件的摩擦增大，影响机具的寿命不利于燃料的成型加工。

还有一些农作物秸秆是待粮食收完后进行收集，通常使用打捆机或其他秸秆收获设备。打捆前应使秸秆在田间晾晒几天，这样不仅能够干燥秸秆，而且可以通过雨水的冲洗，降低水溶性化合物的含量，如 Cl、K 等，从而改善燃料燃烧的质量。在一些作物种植季节紧张地区，在联合收割机侧方或后方加装打捆设备，使联合收割和打捆可以同步完成。

二、秸秆运输设备

目前，国内秸秆运输包括打捆后采用平板车、大型汽车运输，以及粉碎后采用三轮车或汽车运输。其中，由于低速汽车（三轮：最高车速≤50 千米/时；四轮：最高车速≤70 千米/时）具有中低速度、中小吨位、中小功率、高通过性的特点，适合我国农村道路条件差、货源分散、单次运量少、运距短的运输特征，得到了广泛应用。

人工收集后的秸秆大多采用三轮车或拖车运输，这种运输方式特点是由于秸秆没有进行预处理，运输秸秆的量小，适合短距离运输。

我国秸秆较分散，收集半径大，所以秸秆资源成本不仅要考虑收集成本还要考虑运输成本。秸秆的运输成本涉及秸秆的搬运、输送距离、投资费用、运行及维护费用等。秸秆搬运作业通常使用起重机和轮式装载机完成；运输过程中还需要考虑秸秆的含水率不易过高或过低，否则秸秆在一定条件下会降解或运输中外界空气过干，产生热量甚至会引起自燃。同时，要尽量减少运输过程中秸秆茎叶的损失。

三、秸秆储藏技术

秸秆收获是有季节的，而生产是连续的，这样生产与原料供应之间存在着时间间隔，因此，长期储藏秸秆原料是非常必要的。选择存储地点时应该考虑：排水系统良好、没有积水现象且便于车辆停放、驶入；靠近农场、公路，水电方便、面积合适：用地符合国家土地政策；燃料堆放远离生产区、生活区，收储站四周应当设置围墙或铁丝网等。

（一）秸秆储藏方法

(1) 室外（堆垛）存储。堆垛是最简单的秸秆储存方法，晾晒好的秸秆要及时将其垛好。长期堆积时秸秆全水分应该低于30%（湿基），否则特定条件下生物降解产生的热量会引起自燃，当最高堆积高度达到8米，且储藏时间少于2个月时，会有效地避免自燃。堆垛的大小和方式要根据场地大小及空间而定，一般堆垛形状有圆锥形和长方形。为了防潮，有时会先将底部用木头或砖垫起10～15厘米，堆垛时注意中部填实以防中间空而易散，堆垛形状最好底部小、顶部大，呈倒圆台，然后封垛顶，呈圆锥形，再用防雨布覆盖以免淋雨或者将原料冲走。垛好后，将外围用捆好的秸秆围起，然后再在周围挖排水沟，以便排水。

（2）室内（仓库）存储。对于粉碎或者捆型的秸秆储藏，通常采用干燥仓或者通风仓储藏，利用热风强制循环或空气被动通风对流干燥方式，使捆型秸秆达到安全储藏水分（12%～15%），从而延长储存时间。存储环境需允许车辆进入，最好是一面墙或者顶部可以打开，卡车在卸货台卸载，或者采用辅助接收设备卸载，通常储仓含有垂直的墙壁，或者可以向下拓展。室内储藏时干物质损失少，但是其成本高、搬运麻烦，期间需要不定期检查、维护。

（二）秸秆储藏模式

秸秆储藏可以采用分散储藏和集中储藏两种模式。

（1）分散储藏模式。以秸秆成型燃料为例，为了减少对成型燃料厂的建设投资，厂区储存秸秆的库房及场地不宜设置过大。大部分的秸秆原料应由农户分散收集、分散存放。应充分利用经济杠杆的作用，将秸秆原料折合为成型燃料价格的一部分，或者采用按比例交换的方式，鼓励成型燃料用户主动收集作物秸秆原料。例如可按农户每天使用的成型燃料量估算出全年使用总量，按原料单位产成型燃料量折算出该农户全年的秸秆使用量，然后根据燃料厂对原料的质量和品种要求，让农户分阶段定量向燃料厂提供秸秆原料。分散储藏模式的主要优点是：减小了燃料厂对生产原料储存库房和场地的投资；因由农户向燃料厂提供农作物秸秆原料，可以按比例交换成型燃料，相应降低了燃料价格；分散储藏作物秸秆可减少火灾发生的可能性。

这种储藏模式存在的问题是：农户各自储存秸秆原料，会造成秸秆在农村居住区内无序堆放，不便于统一管理，影响成型燃料生产规模扩大和产业化发展。

（2）集中储存模式。集中储藏模式需要成型燃料厂具有较大的储藏空间。燃料厂将从农户收集来的秸秆原料集中储存在库房或码垛堆放在露天场地。要求对原料分类别及按工序堆放整齐，并能防雨、雪、风的侵害；为保证成型加工设备的生产效率和使用寿命，原料中不允许有碎石、铁屑、砂土等杂质，无霉变，含水量要小于18%。

料场安全管理是整个工厂安全管理不可或缺的一部分，垛区要预留物流和消防通道。同时，在料场应设计消防水池，布置消防管线，且保证每个垛位垛头都要有消防栓。加强料场安全管理，严禁烟火，制定执行严格的安全防火制度；同时，加强料场安全巡逻，制定详细的安全巡逻制度，突防外来送料车辆、参观人员经过地段，严格控制工厂下班、午休等高危时段。

第六章　农作物秸秆利用国家行政规范性文件

第一节　我国秸秆焚烧问题的发生与早期发展

我国秸秆焚烧问题于20世纪80年代中期开始显现。1986年10月18日《中国环境报》以《大量焚烧庄稼秸秆，石家庄被烟雾笼罩》为题较早报道了我国的秸秆焚烧问题。文中指出："每到傍晚，河北石家庄整个城区被烟雾笼罩，持续时间达7小时之久。浓烟中，人们只好紧闭门窗，汽车只能缓慢行驶。烟气污染成了全市大街小巷议论的中心话题，环保局每天接到大量群众电话询问原因""调查结果表明，由于郊县农民大量焚烧潮湿的农作物秸秆，以及天气原因，使飘入市区的浓烟经久不散，造成环境污染。"此次污染过程从文章报道前数天一直持续到10月25日。

在CNKI收录的中文期刊文献中，姬庆瑞（1987）以《作物秸秆不可焚烧》为题最早论述了我国的秸秆焚烧问题："近年来，随着农村土地承包责任制的实行和完善，农民生产积极性大大提高，但在施肥上，有些地区特别是城市郊区农民，只重视化肥的施用，而忽视了对农作物秸秆的利用，每到夏、秋收获季节常常在田间把麦茬、麦秸和玉米秆焚烧，而且越来越严重。""焚烧作物秸秆，不仅烟雾弥漫，造成自然环境的污染，而且也极易发生火灾，烧坏庄稼，烧焦树木，危害他人财产安全和破坏绿化等。更可惜的是使提供热能的碳素和氮、碳等营养成分白白跑掉。”1988 年 7 月 11 日《农民日报》以《制止麦收后的“一把火”》（李管来和张永祥，1988）为题报道了山西省的麦秸焚烧现象以及运城市委政研室对麦秸焚烧主要成因的分析和禁烧建议。上述报道距离 1978 年的改革开放只有 8~10 个年头。

进入 20 世纪 90 年代，秸秆焚烧问题在全国各主要农区蔓延。1991 年陕西省政协会议上，省民盟小组提出了《关于制止在农村焚烧秸秆及促进秸秆合理利用》提案，这是我国载入史册的关于秸秆禁烧的第一份省级以上政协提案。自此以后，越来越多的地方在行政管理层面开始关注秸秆焚烧问题。

到 20 世纪 90 年代中期，秸秆焚烧已遍及全国各主要农区，时常对城市、机场、公路和铁路交通造成烟雾侵扰（毕于运等，2008）。据新华网“焦点网谈”栏目报道：1996 年，秸秆烟雾第一次给双流机场造成危害。当年 5 月 31 日，机场被迫关闭，13 个航班分别备降重庆、咸阳、贵阳、宜宾等机场。当年秋，农民焚烧秸秆再次造成机场关闭、航班备降。1997 年 5 月 14—18 日，成都周边农村焚烧秸秆产生的烟雾连续 5 天笼罩双流机场，双流机场被迫两度关闭。1998 年 5 月 13—14 日，双流机场被迫 3 次关闭，17 个航班延误或者改降，滞留旅客 3 000 多人。据当地媒体报道，当时全国足球联赛成都主场被秸秆焚烧的烟雾弥漫，球迷们看球如同雾里看花。1999 年 5 月，时任国务院总理朱镕基准备到成都视察，所乘专机因秸秆焚烧的浓烟无法在双流机场降落，不得不返飞北京。事后，朱镕基总理专门划拨了 1 000 万元总理基金给成都，用于治理焚烧秸秆问题。2000 年，成都市发布了《成都市禁止焚烧农作物秸秆办法》，对禁烧范围、责任、监管、处罚、保障措施等进行全面规定。成都市政府在“禁烧”管理上不遗余力，但效果却不尽人意——2004 年 5 月 11 日，成都双流机场又因秸秆焚烧烟雾侵扰而紧急启动了Ⅱ级盲降系统……

第二节　秸秆综合利用和禁烧行政规范性文件

随着焚烧秸秆问题的日趋严重，1997 年夏天，时任国务院副总理朱镕基做出指示：（为应对秸秆焚烧）要切实抓好秸秆的综合利用工作。

针对秸秆焚烧的严峻形势，农业部于 1997 年 5 月 4 日发布了《关于严禁焚烧秸秆，切实做好夏收农作物秸秆还田工作的通知》。但在此之后，有的地方秸秆焚烧有增无减，为此，1997 年 6 月 11 日农业部又下发了《关于严禁焚烧秸秆做好秸秆综合利用工作的紧急通知》。此两个通知是我国最早以秸秆禁烧和秸秆综合利用（或秸秆还田）为题的国家行政规范性文件。

自此以后，国家各部门又相继单独或联合发布了一系列以秸秆综合利用和/或禁烧为题的行政规范性文件。在 1997—2019 年的 23 年中，除 2002 年、2004 年、2006 年、2010 年、2018 年外，其他年份，每年都有此类专题文件问世，总计达到 32 个。

与此同时，国家各部门共计发布了 2 个以秸秆气化为特定内容的行政规范性文件，即农业部办公厅《关于做好秸秆沼气集中供气工程试点项目建设的通知》（农办科〔2009〕22 号）和国家发展和改革委员会办公厅、农业部办公厅、国家能源局综合司《关于开展秸秆气化清洁能源利用工程建设的指导意见》（发改办环资〔2017〕2143 号）。农办科〔2009〕22 号文的发布有效地促进了沼气原料多元化的发展，发改办环资〔2017〕2143 号文则将秸秆沼气与秸秆热解气化进行了统筹考虑。

2015 年，科学技术部、农业部还以秸秆与粪便为主要农业废弃物，联合发布了《关于发布〈农业废弃物（秸秆、粪便）综合利用技术成果汇编〉的通知》（国科函农〔2015〕255 号）。

第七章　以用促禁与多功能性发挥

第一节　疏堵结合，以疏为主；以用促禁，以禁促用

一、秸秆禁烧和综合利用指导方针的提出

2003年《关于进一步加强农作物秸秆综合利用工作的通知》(农机发〔2003〕4号) 是国家各部门较早发布的以秸秆综合利用为专题内容的行政规范性文件。

农机发〔2003〕4号文明确指出：近期，秸秆综合利用工作的总体思路是以解决秸秆焚烧对城市居民生活、民航飞行和公路干线交通造成的危害为首要目标，狠抓重点区域、主要作物、关键农时，疏堵结合，齐抓共管，综合利用。并进而提出：各级农业部门要继续坚持“疏堵结合，以疏为主，以堵促疏”的方针，采取有效措施，抓好各项综合利用技术的落实，促进禁烧工作的顺利开展。

农机发〔2003〕4号文提出的“以堵促疏”，与“以禁促用”也只是字面上的不同，含义毫无二致，由此使“疏堵结合，以疏为主；以用促禁，以禁促用”秸秆禁烧和综合利用总体指导方针的形成有了一个良好的开端。但该时期的秸秆综合利用（“疏”）仍主要服务于秸秆禁烧（“堵”）的行政指导要求。

二、将秸秆禁烧作为“倒逼秸秆综合利用的有效手段”

为了贯彻落实2019年中央一号文件精神和中央关于加强生

态文明建设的战略部署，中央财政继续支持耕地保护和质量提升工作，并选择部分地区重点开展农作物秸秆综合利用试点，推动地方进一步做好秸秆禁烧和综合利用工作，保护和提升耕地质量，实现“藏粮于地、藏粮于技”，2016年农业部办公厅和财政部办公厅联合发布了《关于开展农作物秸秆综合利用试点促进耕地质量提升工作的通知》（农办财〔2016〕39号）。试点工作实施区域共计10个省、自治区，分别是河北、山西、内蒙古[①]、辽宁、吉林、黑龙江、江苏、安徽、山东、河南；试点方式为整县推进，即在上述10省、自治区中，各自选择一定数量的县，全面开展秸秆综合利用试点工作，实现秸秆综合利用率的整体提升。

农办财〔2016〕39号文明确提出：“秸秆禁烧是倒逼秸秆综合利用的有效手段。”这是自2003年农业部明确提出“疏堵结合，以疏为主，以堵促疏”的秸秆禁烧和综合利用指导方针后，在国家各部门以秸秆综合利用和/或禁烧为题发布的行政规范性文件中，再次强调秸秆禁烧对秸秆综合利用的促进作用，同时也揭示了“以禁促用”的真正内涵即“秸秆禁烧倒逼秸秆综合利用”。

实践表明，在全国各地秸秆禁烧和综合利用的工作过程中，秸秆禁烧对倒逼秸秆综合利用发挥了重大的作用。将“以禁促用”明确为我国秸秆禁烧和综合利用的指导方针，必将进一步有力地推动该项工作的顺利开展。

第二节　秸秆综合利用与秸秆禁烧行政指导要求的多功能性

随着实践的发展，尤其是“疏堵结合，以疏为主；以用促

① 内蒙古自治区简称，全书同。

禁，以禁促用”的秸秆禁烧和综合利用总体指导方针的逐步确立，国家各部门对秸秆禁烧与综合利用的行政指导要求得以平衡发展，使秸秆综合利用的多功能性日益受到重视，并得以充分发挥。

一、2017 年农业部印发的《东北地区秸轩处理行动方案》

为贯彻党中央、国务院决策部署，落实新发展理念，加快推进农业供给侧结构性改革，增强农业可持续发展能力，提高农业发展质量效益和竞争力，农业部决定启动实施包括东北地区秸秆处理行动在内的农业绿色发展五大行动，并编制了《东北地区秸秆处理行动方案》，以农科教发〔2017〕9 号文的形式印发。

《东北地区秸秆处理行动方案》首先从“促进生态环境保护”“促进农民节本增收”“促进耕地质量提升”3 个方面论述了开展东北地区秸秆处理行动的重要意义，进而提出到 2020 年的三大行动目标：一是力争东北地区秸秆综合利用率达到 80%以上，比 2015 年提高 13.4 个百分点，新增秸秆利用能力 2 700 多万吨，基本杜绝露天焚烧现象，农村环境得到有效改善；二是秸秆直接还田和过腹还田水平大幅提升，耕地质量有所提升；三是培育专业从事秸秆收储运的经营主体1 000个以上，年收储能力达到1 000万吨以上，新增年秸秆利用量 10 万吨以上的龙头企业 50 个以上，形成可持续、可复制、可推广的秸秆综合利用模式和机制。同时为实现各项目标提出了相应的重点任务和工作要求。

由此可见，秸秆综合利用在“以用促禁”和促进生态环境保护、产业发展、农民增收、耕地质量提升等方面的多功能性，在《东北地区秸秆处理行动方案》中都得以较充分的体现。

二、2019 年农业农村部提出全面推进秸轩综合利用的工作要求

2019 年农业农村部办公厅印发的《关于全面做好秸秆综合

利用工作的通知》（农办科〔2019〕20号）从全面做好秸秆综合利用工作的角度提出如下三个层次的目标要求：一是完善利用制度，出台扶持政策，强化保障措施；二是通过制度完善和扶持政策出台等，激发秸秆还田、离田、加工利用等环节市场主体活力，建立健全政府、企业与农民三方共赢的利益链接机制；三是最终形成布局合理、多元利用的产业化发展格局，不断提高秸秆综合利用水平。

农办科〔2019〕20号文再次强调"地方各级人民政府是秸秆综合利用的责任主体"。

在国家各部门早期发布的行政规范性文件中，有关秸秆综合利用的行政指导政策主要是顺应秸秆禁烧的要求而制定的。从1998年提出"禁与疏相结合"，到2000年提出"疏堵结合，以疏为主"，2003年提出"疏堵结合，以疏为主，以堵促疏"，2013年提出"以用促禁"，再到2016年提出将秸秆禁烧作为"倒逼秸秆综合利用的有效手段"，用了近20年的时间，我国"疏堵结合，以疏为主；以用促禁，以禁促用"的秸秆禁烧和综合利用总体指导方针得以基本确立，"以用促禁，以禁促用"的相互促进作用和具体指导规定得以系统的表达。

文件表明，国家各部门明确将市、县和乡镇人民政府等地方各级人民政府作为推进秸秆综合利用和秸秆禁烧工作的责任主体，并要求其根据"疏堵结合，以疏为主；以用促禁，以禁促用"指导要求，建立秸秆禁烧和综合利用工作目标管理责任制。

随着实践的发展，尤其是"疏堵结合，以疏为主；以用促禁，以禁促用"的秸秆禁烧和综合利用总体指导方针的确立，国家各部门以秸秆综合利用和/或禁烧为题发布的系列行政规范性文件，逐步平衡了秸秆综合利用与秸秆禁烧之间的行政指导要求，既强调了秸秆综合利用的"以用促禁"作用，又强调了秸秆禁烧对秸秆综合利用的倒逼作用。

国办发〔2008〕105 号文的发布，使稻秆多元化利用和多功能发挥受到社会的高度重视。近年来，为充分发挥综合利用的多功能性，在继续强调“以用促禁”的同时，又强调了秸秆综合利用在提高资源利用效率和培肥土壤、发展循环经济和新型产业、增加农民收入等方面的作用，使秸秆综合利用逐步成为治理大气污染、推进节能减排、建设生态文明、促进农业可持续发展的重要抓手。

目前，除东北地区外，我国其他主要农区的秸秆焚烧已经初步得到有效控制（毕于运，2019）。随着秸秆禁烧压力的不断减轻，秸秆综合利用的多功能性将会在农业废弃物资源化利用、面源污染防治、耕地质量保护、种养一体化循环农业发展、生物质产业发展等方面得以更充分地体现和发挥。

第八章 农业优先与多元化利用

第一节 对“农业优先”和“多元化利用”的表述

2015年国家发展和改革委员会、财政部、农业部、环境保护部联合发布的《关于进一步加快推进农作物秸秆综合利用和禁烧工作的通知》（发改环资〔2015〕2651号）首先提出了秸秆综合利用和禁烧的总体要求，即按照政府引导、市场运作、多元利用、疏堵结合、以疏为主的原则，完善秸秆收储运体系，进一步推进秸秆肥料化、饲料化、燃料化、基料化和原料化利用，加快推进秸秆综合利用产业化，加大秸秆禁烧力度，进一步落实地方政府职责，不断提高禁烧监管水平，促进农民增收、环境改善和农业可持续发展。同时，还在国家已有行政规范性文件中，率先提出了我国“十三五”秸秆综合利用目标，即在2020年，全国秸秆综合利用率达到85%以上。

进而，在“提高秸秆农用水平”的具体要求中明确提出了“种养结合，农业优先”的指导原则。具体要求为：各地要按照“种养结合，农业优先”的原则，进一步加大秸秆还田力度，大力推广秸秆生物炭还田改土技术，积极开展秸秆—牲畜养殖—能源化利用—沼肥还田、秸秆—沼气—沼肥还田等循环利用，加大秸秆机械化粉碎还田、快速腐熟还田力度，鼓励畜禽养殖场（户）和小区、饲料企业利用秸秆生产优质饲料，引导秸秆基料食用菌规模化生产。同时开展农业循环经济试点示范，探索秸秆综合利用方式的合理搭配和有机耦合模式，推动区域秸秆全量利用。

继之，从“拓宽综合利用渠道”的角度对秸秆“多元利用”提出如下具体要求：各地要做好统筹规划，坚持市场化的发展方向，在政策、资金和技术上给予支持，通过建立利益导向机制，支持秸秆代木、纤维原料、清洁制浆、生物质能、商品有机肥等新技术的产业化发展，完善配套产业及下游产品开发，延伸秸秆综合利用产业链。同时在秸秆产生量大且难以利用的地区，应根据秸秆资源量和分布特点，科学规划秸秆热电联产以及循环流化床、水冷振动炉排等直燃发电厂，秸秆发电优先上网且不限发。

由上可见，发改环资〔2015〕2651 号文述及的秸秆农用，除秸秆饲料化利用、基料化利用之外，主要强调的是秸秆还田，包括秸秆直接还田、过腹还田以及秸秆能源化利用后的生物炭还田、沼肥还田等秸秆循环利用方式，而对“多元化利用”主要强调的是市场化、产业化的秸秆利用。

另外，针对秸秆收储运还提出“完善高效收集体系”和“建立专业化储运网络”两个方面的具体要求，这些都是秸秆多元化利用不可或缺的。

第二节　继续坚持了“农业优先，多元化利用”的行政指导原则

国家发展和改革委员会和农业部于 2016 年联合制定的《关于编制“十三五”秸秆综合利用实施方案的指导意见》再次将“农业优先，多元化利用”作为秸秆综合利用实施方案编制的首项基本原则，并对其做出如下的具体表述：“坚持秸秆综合利用与农业生产相结合，在满足农业和畜牧业需求的基础上，抓好新技术、新装备、新工艺的示范推广，合理引导秸秆能源化、原料化等其他综合利用方式，推动秸秆向多元循环方向发展。”

与《“十二五”农作物秸秆综合利用实施方案》相比，《关于编制“十三五”秸秆综合利用实施方案的指导意见》对“农业优先，多元化利用”原则的具体表述，更加强调了“新技术、新装备、新工艺的示范推广”和“推动秸秆向多元循环方向发展”两个方面的要求。

第三节　“多元化利用，农用优先”，并以“农用为主”的具体要求

2016年农业部办公厅和财政部办公厅联合发布的《关于开展农作物秸秆综合利用试点促进耕地质量提升工作的通知》（农办财〔2016〕39号）将“多元化利用，农用优先”作为秸秆综合利用试点工作四项基本原则之一，对其做出如下的具体表述：“因地制宜，多元化利用，突出肥料化、饲料化、能源化利用重点，科学确定秸秆综合利用的结构和方式。”

“农用优先”与“农业优先”无实质差别，基本可以通用。“农用”是利用方式，“农业”是产业门类即利用领域，“农用优先”与“农业优先”都是指优先满足农业利用。对于“农业优先，多元化利用”与“多元化利用，农用优先”的区别可以这样理解：前者是指在优先满足农业利用的基础上进一步推进秸秆多元化利用，后者是指在秸秆多元化利用中优先考虑秸秆农用。

农办财〔2016〕39号文在“多元化利用，农用优先”原则的指导下，还提出了“坚持农用为主推进秸秆综合利用”的要求，这在已有国家行政规范性文件中尚属首次。其对“农用为主”的具体表述为：各地要因地制宜制定秸秆还田规范，对秸秆综合利用亟须的农机装备应补尽补，促进种养结合，推动秸秆机械化还田、生物腐熟还田、养畜过腹还田，进一步提高肥料化、饲料化综合利用率。

“农用优先”与“农用为主”具有很强的内在一致性。“农用优先”是指坚持秸秆利用与农业生产相结合，优先满足农业(包括种植业和养殖业)生产对秸秆的需求，通过秸秆直接还田和过腹还田等农用方式，实现种养结合循环利用，确保耕地质量稳步提升，促进农业可持续发展；“农用为主”是指将农业利用（肥料化、饲料化和基料化利用）作为秸秆消纳的主要途径，有效提高秸秆综合利用效率，同时实现种养结合循环利用，确保耕地质量不断提升，促进农业可持续发展。由此可见，“农用优先”与“农用为主”在实现种养结合循环利用等方面的作用是相同的，只是前者强调其为客观需求即农业实践需要，后者强调其为客观存在即实际利用结果。

第四节 将“农业优先，多元化利用”的指导原则表述为“农用优先，多元化利用”

2017年农业部编制并以农科教发〔2017〕9号文形式印发的《东北地区秸秆处理行动方案》，基本承袭了《关于编制“十三五”秸秆综合利用实施方案的指导意见》的四项基本原则，只将原来的“农业优先，多元化利用”改写为“农用优先，多元化利用”，并对其具体内涵做出了大致相同的表述。《东北地区秸秆处理行动方案》对“农用优先，多元化利用”原则的具体表述为：“坚持秸秆综合利用与农业生产相结合，在满足种植业和畜牧业需求的基础上，抓好肥料化、饲料化、基料化等领域新技术、新装备、新工艺的示范推广，合理引导秸秆燃料化、原料化等其他综合利用方式，推动秸秆向多元循环的方向发展。”

按照“农用优先”的指导要求，《东北地区秸秆处理行动方案》提出要以粮食生产功能区为重点，将提高秸秆农用水平作为秸杆处理行动的首要任务：一要针对东北地区农业产业结构和自然气候条件特点，加大秸秆还田工作力度，大力推广玉米秸秆深翻还田技术、秸秆覆盖还田保护性耕作技术，提高还田质量；二要大力推广秸—饲—肥、秸—能—肥、秸—菌—肥等循环利用技术，推动以秸秆为纽带的循环农业发展，夯实粮食生产功能区发展基础。

第五节　我国有效地推动秸秆农用水平的进一步提升

为有效促进农作物秸秆综合利用，农业部组织专家遴选出技术成熟、适用性较强、经济性较高的秸秆农用十大模式，并以《关于推介发布秸秆农用十大模式的通知》（农办科〔2017〕24 号）的形式进行了公开发布。

秸秆农用十大模式分别为“东北高寒区玉米秸秆深翻养地模式”“西北干旱区棉秆深翻还田模式”“黄淮海地区麦秸覆盖玉米秸旋耕还田模式”“黄土高原区少免耕秸秆覆盖还田模式”“长江流域稻麦秸秆粉碎旋耕还田模式”“华南地区秸秆快腐还田模式”“秸—饲—肥种养结合模式”“秸—沼—肥能源生态模式”“秸—菌—肥基质利用模式”“秸—炭—肥还田改土模式”。其中，前六大模式为秸秆直接还田模式，后四大模式为秸秆离田产业化循环利用模式。

秸秆农用十大模式的推介发布是对“农用优先”指导精神的具体落实，经过宣传推广，引导模式进村、入户、到场、到田，将使秸秆“从田间来到田间去”的循环利用思想得以发扬光大，持续提升我国的秸秆农用水平。

第六节　将“农用优先”作为全面推进秸秆综合利用工作的指导要求

2019 年农业农村部办公厅印发的《关于全面做好秸秆综合

利用工作的通知》（农办科〔2019〕20号）提出，在全面推进秸秆综合利用工作中要坚持“农用优先”，并将“推动形成布局合理、多元利用的产业化发展格局”作为秸秆综合利用的总体目标。具体表述为：“坚持因地制宜、农用优先、就地就近、政府引导、市场运作、科技支撑，以完善利用制度、出台扶持政策、强化保障措施为推进手段，激发秸秆还田、离田、加工利用等环节市场主体活力，建立健全政府、企业与农民三方共赢的利益链接机制，推动形成布局合理、多元利用的产业化发展格局，不断提高秸秆综合利用水平。”

第九章　科技支撑与试点示范

第一节　农业农村部提出全面推进秸秆综合利用工作的新要求

2018 年 10 月，农业农村部副部长张桃林《在东北地区秸秆处理行动现场交流会上的讲话》中提出："目前，秸秆综合利用已经到了全面推进的时候，要由试点示范转变为全面铺开。"

2019 年农业农村部办公厅印发的《关于全面做好秸秆综合利用工作的通知》（农办科〔2019〕20 号）提出："2016 年以来，部分省（区）开展了秸秆综合利用试点工作，取得了一定成效。经研究，决定开始全面推进秸秆综合利用工作。"

为加强科技支撑，农办科〔2019〕20 号提出：各省农业农村部门要充分依托国家现代农业产业技术体系和基层农技推广体系等技术力量，组建本省秸秆综合利用技术专家组。根据本地农业种植制度，形成适合本地的秸秆深翻还田、免耕还田、堆沤还田等技术规程，研发推广秸秆青黄贮饲料、打捆直燃、成型燃料生产等领域新技术，总结凝练相关技术的内涵、特点、操作要点、适用区域等，发布年度主推技术，扩大推广范围，放大示范效应。同时提出开展模式总结的工作要求，各省农业农村部门要认真总结各地在实践中形成的创新经验和有效做法，分层次、分环节、分对象开展经验交流和现场观摩活动，努力提升各地工作水平；相关秸秆综合利用重点县要凝练政策措施、工作措施、技术措施等方面的经验做法，形成可复制、可推广的县域典型模式。

2019 年，国家安排中央财政资金 19.5 亿元，在全国遴选 180 个以上的重点县，整县推进秸秆综合利用。

第二节　明确了科技创新和技术推广的五条要求

2017 年由农业部编制并以农科教发〔2017〕9 号文形式印发的《东北地区秸秆处理行动方案》直接沿用了《关于编制“十三五”秸秆综合利用实施方案的指导意见》的“科技推动，试点先行”指导原则，并做出与之基本相同的表述。进而按此原则要求，针对东北地区秸秆综合利用的科技创新和技术推广，明确了如下五个方面的重点工作。

一是搭建创新平台，开展协同技术创新和关键技术装备研发。依托东北区域玉米秸秆综合利用协同创新联盟，东北三省一区农科院及农垦科学院要搭建区域农业科技创新与交流平台；现代农业产业技术体系内增设的秸秆综合利用岗位科学家，要围绕秸秆肥料化、饲料化、燃料化、基料化等利用方式的技术瓶颈，积极争取国家重点研发项目，开展协同技术创新，加大科技攻关力度。

研发关键技术装备。在肥料化方面，重点攻克与玉米—大豆、玉米连作种植制度相配套的秸秆覆盖还田和深翻还田技术，研发低温快速腐解微生物菌剂，研发 200 马力以上的深翻还田机械；在饲料化方面，筛选优良的秸秆降解与生物转化微生物菌株，研发秸秆饲料无害防腐剂调节剂；在燃料化方面，研发低排放、抗结渣的秸秆生物质燃烧设备，攻克秸杆热解气化焦油去除难题。

二是以科技创新为支撑，提高秸秆综合利用标准化水平。针对东北地区玉米秸秆还田、收储和利用方式的特点和瓶颈，发挥东北区域玉米秸秆综合利用协同创新联盟和现代农业产业技术体系的科技引领作用，围绕秸秆肥料化、饲料化、燃料化、基料化、原料化等利用领域，熟化一批新技术、新工艺和新装备，形成从农作物品种、种植、收获、秸秆还田、收储到“五料化”利用等全过程完整的技术规范和装备标准，提高秸秆综合利用的标准化水平。

三是实施一批试点，强化示范带动。依托中央财政秸秆综合利用试点补助资金，支持东北地区秸秆综合利用的重点领域和关键环节，鼓励以县（农场）为单元统筹相关资金，加大秸秆综合利用支持力度，2017 年试点规模达到 60 个县，力争到 2020 年实现 147 个玉米主产县（农场）全覆盖。重点遴选 20 个秸秆综合利用试点县，加大支持力度，总结推广适合东北不同区域、不同作物的利用模式 10 套以上，打造具有区域代表性的秸秆综合利用示范样板，构建政策、工作、技术三大措施互相配套的长效机制。

四是推介典型模式，强化培训推广。推介秸秆农用十大模式。按照工作措施、技术措施、政策措施“三位一体”的要求深入总结东北高寒区玉米秸秆深翻养地、秸—饲—肥种养结合、秸—沼—肥能源生态、秸—菌—肥基质利用等循环利用模式，向社会发布推介。

召开系列现场交流会。在东北三省一区按“五料化”利用途径，召开秸秆机械化还田、离田系列现场交流会，广泛宣传推广秸秆综合利用的好做法、好经验和好典型。

举办系列技术培训。结合新型职业农民培训工程、现代青年农场主培养计划、新型农业经营主体带头人培训计划等，部、省、县（市）分层次、分环节、分对象举办秸秆综合利用技术培训班，加强东北地区各级技术推广人员、新型农业经营主体的培训力度，培训规模达到10 000人次，不断提高专业化水平。

五是加强技术指导。省级农业主管部门要强化技术服务体系建设，统领本区域秸秆综合利用技术支撑工作，组建秸秆综合利用技术专家组；专家组要协助编制实施方案，做好业务知识培训，承担政策研究、技术咨询等任务，为东北地区秸秆处理行动提供全程科技服务。

第十章　政策扶持与市场运作

第一节　以企业为主体推进秸秆产业化利用

在国家各部门制定的秸秆综合利用“市场运作”“市场导向”“公众参与”指导原则中，一再提出以“企业为主体”的市场运作要求。由于市场化是产业化的前提和条件，产业化是市场发育的表现形式，因此，国家系列行政规范性文件对这一要求的具体部署更主要地体现在对秸秆产业化发展的要求上，即通过产业化发展来发挥企业的主体作用，并有效地提升秸秆综合利用的市场化水平。

一、国办发〔2008〕105号文对大力推进秸秆产业化的要求

国务院办公厅印发的《关于加快推进农作物秸秆综合利用的意见》（国办发〔2008〕105号）对全面推进我国秸秆综合利用发挥了重要的指导作用，直至目前，其依然是指导我国秸秆综合利用的纲领性文件。

国办发〔2008〕105号文从大力推进秸秆产业化发展的角度，首先提出加强规划指导的要求，即以省为单位编制秸秆综合利用中长期发展规划，根据资源分布情况，合理确定秸秆“五料化”利用的目标，统筹考虑秸秆综合利用项目和产业布局。进而做出秸秆产业化发展的四项规定：一是加快建设秸秆收集体系；二是大力推进种植（养殖）业综合利用秸秆；三是有序发展以秸秆为原料的生物质能；四是积极发展以秸秆为原

料的加工业。

二、以能源化和原料化为主的产业扶持政策

在国办发〔2008〕105号文发布之后，国家各部门从市场化运作角度制定的秸秆产业化利用扶持政策，主要聚焦于秸秆的能源化利用和原料化利用，其次为秸秆有机肥和食用菌，而对秸秆饲料化加工处理与利用很少关注。

例如，国家发展和改革委员会、财政部、农业部、环境保护部联合发布的《关于进一步加快推进农作物秸秆综合利用和禁烧工作的通知》（发改环资〔2015〕2651号）提出："各地要做好统筹规划，坚持市场化的发展方向，在政策、资金和技术上给予支持，通过建立利益导向机制，支持秸秆代木、纤维原料、清洁制浆、生物质能、商品有机肥等新技术的产业化发展，完善配套产业及下游产品开发，延伸秸秆综合利用产业链。"

又如，农业部办公厅、财政部办公厅联合发布的《关于开展农作物秸秆综合利用试点促进耕地质量提升工作的通知》（农办财〔2016〕39号）提出："坚持市场主导、政府引导的原则，充分发挥市场主体的作用，对已经形成一定产业规模的生物质燃油、乙醇、秸秆发电、秸秆多糖、秸秆淀粉、造纸、板材等，在现有政策基础上，积极研究加快产业扩张和技术扩散的政策措施，进一步提高秸秆工业化利用率和利用水平。"

再如，农业部印发的《东北地区秸秆处理行动方案》（农科教发〔2017〕9号）提出："针对东北地区秸秆产业化利用主体不多、竞争力不强、效益不高等问题，出台并落实用地、用电、信贷、税收等优惠政策，建立政府引导、市场主体、多方参与的产业化发展培育机制，发展一批生物质供热供气、燃料乙醇、颗粒燃料、板材、造纸、食用菌等领域可市场化运行的经营主体，推动秸秆综合利用产业结构优化和提质增效。""鼓励引导龙头企业、专业合作社、家庭农场、种养大户等新型经营主体，

发展以秸秆为原料的生物有机肥、食用菌、成型燃料、生物炭、清洁制浆等新型产业，提高产业化水平。”

三、高度重视秸秆饲料化利用势在必行

据国家发展和改革委员会和农业部共同组织完成的全国“十二五”规划秸秆综合利用情况终期评估结果，2015 年全国秸秆饲料化利用量为 1.69 亿吨，占秸秆离田利用总量的比重达到 48.84%。

2015 年全国草食牲畜存栏量为 9.36 个羊单位。按照每个羊单位年消耗 460 千克粗饲料（饲草）的定额估算，2015 年全国草食畜饲草消耗量约为 4.31 亿吨。由此可见，2015 年全国秸秆饲用量占到饲草消耗总量的 39.21%。而且，这部分秸秆还不包括全国近 1 亿吨（鲜重，折风干重约3 500万吨）的青饲玉米等青饲料秸秆。

发展秸秆养畜是保障畜产品有效供给、缓解粮食供求矛盾、丰富居民膳食结构的重要途径，但秸秆加工处理饲用率低，一直是制约我国秸秆畜牧业持续发展的主要瓶颈。农业部编制印发的《全国节粮型畜牧业发展规划（2011—2020 年）》（农办牧〔2011〕52 号）指出：经过政府和社会各方面的共同努力，全国秸秆加工处理饲用率由 1992 年的 21% 提高到 2010 年的 46%。进而提出：要按照“抓规模、提效益、促生产、保供给”的思路，加快转变节粮型畜牧业发展方式，通过加大牧草和秸秆等饲草料资源开发利用力度，做到“不与人争粮、不与粮争地”，力争到 2015 年和 2020 年，全国秸秆加工处理饲用率在现有基础上分别提高 5 个百分点和 10 个百分点。由之可见，如要达到中等发达国家不低于 80% 的秸秆加工处理饲用率，需要再提升 25 个百分点以上。

随着现代畜牧业的持续快速发展，我国散户养殖数量仍将持续减少，秸秆规模化养殖和秸秆加工处理饲用率的持续提升，

必将成为我国秸秆畜牧业发展的现实要求和长期奋斗目标。因此，在国家各部门制定的秸秆产业化利用扶持政策中，很有必要将秸秆饲料化加工处理和高效养殖利用作为发展重点，给予高度重视，力争到2030年将全国秸秆饲用处理率提高到70%以上。

第二节　全方位培育市场主体

农业农村部办公厅《关于全面做好秸秆综合利用工作的通知》(农办科〔2019〕20号）明确将“培育市场主体”作为全面做好秸秆综合利用工作的重点内容。具体要求为：“各省农业农村部门要坚持政府引导、市场运作的原则，大力培育秸秆收储运服务主体，构建县域全覆盖的秸秆收储和供应网络，打通秸秆离田利用瓶颈。围绕秸秆肥料化、饲料化、燃料化、基料化和原料化等领域，发展一批市场化利用主体，延伸产业链、提升价值链，加快推进秸秆综合利用产业结构优化和提质增效。”

目前，我国秸秆综合利用市场主体培育主要存在两个方面的问题：一是龙头企业培育不足，秸秆新型产业化利用水平亟待提升；二是对社会化服务组织的市场主体地位认识不足。

国家发展和改革委员会办公厅、农业部办公厅《关于印发编制“十三五”秸秆综合利用实施方案的指导意见》（发改办环资〔2016〕2504号）明确指出，我国秸秆综合利用工作面临着扶持政策有待完善、科技研发力度仍需加强、收储运体系不健全、龙头企业培育不足等方面的问题。同时提出，在龙头企业培育方面面临的问题主要是“秸秆综合利用可推广、可持续的秸秆利用商业模式较少，龙头企业数量缺乏，带动作用明显不足，综合利用产业化发展缓慢”。

据初步估算，目前我国秸秆新型产业化利用量，包括秸秆新型能源化利用量 0.20 亿~0.24 亿吨、秸秆原料化利用量 0.24 亿吨、秸秆工厂化堆肥利用量 0.04 亿吨在内，合计为 0.48 亿~0.52 亿吨，占秸秆可收集利用量的 5.33%~5.78%和秸秆离田利用总量的 12.24%~13.37%。由之可见，秸秆新型产业化利用能力严重不足，已成为我国秸秆产业化利用的突出问题。

未来我国秸秆产业化利用，要在进一步推进秸秆养畜和秸秆食用菌等基础产业良性发展的基础上，按照中共中央办公厅、国务院办公厅《关于创新体制机制推进农业绿色发展的意见》（中办发〔2017〕56 号）提出的“开展秸秆高值化、产业化利用”的要求，以产业门类的技术成熟度、产业经济的内在效益和外在效用为评判标准，对秸秆离田利用的各新型产业门类进行详尽的技术性、经济性和生态性评价，明确其高值化利用的优先序，并据其给予有重点扶持和积极推进，逐步将我国秸秆新型产业化利用推上一个新台阶。

与此同时，在未来国家秸秆综合利用政策制定中，要充分强调各类社会化服务组织在秸秆机械化还田和秸秆收储运等领域的市场主体地位，通过加大政策引导和扶持，构建县域全覆盖的秸秆机械化还田和收储运服务网络。

第十一章　因地制宜与突出重点

第一节　重点地区秸秆综合利用实施方案

自1997年国家首次发布秸秆焚烧和综合利用行政规范性文件以来，经过10多年的不懈努力，我国各主要农区（东北地区除外）秸秆露天焚烧初步得到有效控制（毕于运，2017），秸秆综合利用取得可喜的成效，2015年全国秸秆综合利用率达到80.1%。

随着秸秆综合利用工作的深入推进，近年来，国家各部门对秸秆综合利用行政指导政策的制定开始聚焦于重点地区。2014年，国家发展和改革委员会和农业部联合印发的《关于深入推进大气污染防治重点地区及粮棉主产区秸秆综合利用的通知》(发改环资〔2014〕116号）明确提出，为贯彻落实国务院关于大气污染防治的部署，缓解秸秆废弃和焚烧带来的资源浪费及环境污染问题，要深入推进大气污染防治重点地区（京津冀及周边地区、长三角区域）及粮棉主产区秸秆综合利用。具体要求为：一是大气污染防治重点地区要在现有基础上大幅度提高秸秆综合利用率，从根本上解决秸秆废弃后的出路问题，有效缓解秸秆焚烧带来的资源环境压力；二是粮棉主产区要结合本地区秸秆综合利用规划和中期评估制定的目标任务，采取有效措施，确保按期完成“十二五”秸秆综合利用目标任务。同时指出，各地要在巩固现有秸秆综合利用成效的基础上，围绕秸秆肥料化、饲料化、原料化、基料化和燃料化等领域，推进秸秆综合利用重点工程实施，促进秸秆综合利用率提高。

按照国务院办公厅《关于加快推进农作物秸秆综合利用的意见》（国办发〔2008〕105 号）和发改环资〔2014〕116 号文的要求，2014 年国家发展和改革委员会、农业部、环境保护部联合印发了《京津冀及周边地区秸秆综合利用和禁烧工作方案（2014—2015 年）》（发改环资〔2014〕2231 号）。

按照农业部关于实施农业绿色发展五大行动（畜禽粪污资源化利用行动、果菜茶有机肥替代化肥行动、东北地区秸秆处理行动、农膜回收行动、以长江为重点的水生生物保护行动）和国家发展和改革委员会、农业部《关于编制“十三五”秸秆综合利用实施方案的指导意见》（发改办环资〔2016〕2504 号）的要求，2017 年农业部编制并印发了《东北地区秸秆处理行动方案》（农科教发〔2017〕9 号）。

上述两方案，不仅对各自地区的秸秆综合利用做出了统筹安排，而且提出了相应的秸秆综合利用重大工程（京津冀及周边地区）、重点任务和重点工作（东北地区）。

一、京津冀及周边地区秸秆综合利用八大工程

京津冀及周边地区包括北京、天津、河北、山西、内蒙古和山东，2013 年秸秆可收集利用量 2 亿吨，已利用量 1.6 亿吨，秸秆综合利用率 81%。全区秸秆综合利用总体水平虽然高于全国平均水平，但部分地区秸秆焚烧现象仍屡禁不止。2013 年夏秋两季，全区秸秆焚烧遥感火点数量高达1 944个。相关研究报告显示，该地区每年因秸秆焚烧向大气中排放的颗粒物有数十万吨，区域内 PM2.5 日均浓度平均增加 60.6 毫克/米^3，最多增加 127 毫克/米^3，秸秆焚烧对大气污染的影响非常大。

2014 年国家发展和改革委员会、农业部、财政部联合制定并印发的《京津冀及周边地区秸秆综合利用和禁烧工作方案（2014—2015 年）》（发改环资〔2014〕2231 号）从加快推进

京津冀及周边地区秸秆综合利用的要求出发，决定实施八大工程，即“秸秆肥料化利用工程”“秸秆饲料化利用工程”“秸秆原料化利用工程”“秸秆能源化利用工程”“秸秆基料化利用工程”“秸秆收储运体系”“完善配套政策，实现区域整体推进”“秸秆综合利用科技支撑工程”。

京津冀及周边地区秸秆综合利用八大重点工程

[节选自《京津冀及周边地区桔秆综合利用和禁烧工作方案（2014—2015年）》]

1. 秸秆肥料化利用工程

实施秸秆机械还田补贴项目，对实施秸秆机械粉碎、破茬、深耕和耙压等机械化还田作业的农机服务组织进行定额补贴。建设以秸秆为主要原料的有机肥工程，生产商品有机肥料。大力推广生物菌剂快速腐熟还田和秸秆堆沤还田技术，推进秸秆就地就近还田利用。2014—2015年，新增秸秆肥料化利用能力240万吨。

2. 秸秆饲料化利用工程

种植或订单采购青贮玉米，有偿收集秸秆，大规模制作全株青贮饲料、氨化秸秆饲料、微贮秸秆饲料，形成商品化秸秆饲料储备和供应能力，为周边大牲畜养殖户（场）提供长期稳定的粗饲料供给。青黄贮饲料生产项目以“二池三机”为基本建设单元，“二池”为青黄贮窖池和氨化池，“三机”指秸秆收获粉碎机、运输压实机、打捆包膜机。2014—2015年，新增秸秆饲料化利用能力270万吨。

3. 秸秆原料化利用工程

推进秸秆清洁制浆、人造板、墙体材料、纺织工业用纤维、包装材料、降解膜、餐具、帘栅等原料化利用。培育龙头企业，示范带动秸秆原料利用专业化、规模化、产业化发展。2014—2015年，新增秸秆原料化利用能力300万吨。

4. 秸秆能源化利用工程

建设秸秆致密成型燃料生产厂，配套高效低排放生物质炉具，实现秸秆清洁能源入户。建设投料棚、致密成型车间、成品库等土建工程，以及秸秆粉碎机、成型机组及配套设备、生物质炉具等设备工程。以自然村或农村社区为建设单元，建设秸秆沼气工程，配套建设输气管网等设施，实现秸秆沼气直供农户，提供生活用能。建设秸秆裂解气化集中供气工程，为农户提供生活用能。建设秸秆炭化工程，生物炭用作优质燃料、土壤改良剂、重金属钝化剂、生物有机肥料及工业原料。加快生物质发电/供热示范建设，完成现有生物质电厂供热改造。2014—2015年，新增秸秆能源化利用能力1 000万吨。

5. 秸秆基料化利用工程

建设秸秆食用菌生产基地，利用秸秆培育食用菌，食用菌产后菌糠作为优质有机肥或牛羊养殖饲料。2014—2015年，新增秸秆基料化利用能力90万吨。

6. 秸秆收储运体系

秸秆收集储运站原则上与秸秆生物气化、秸秆热解气化、秸秆固化成型、秸秆炭化等实用技术示范配套，根据当地种植制度、秸秆利用现状和收集运输半径，支持农业合作社、农业企业和经纪人等，因地制宜建设秸秆收集储运站。2014—2015年，新增收集储运能力1 800万吨。

7. 完善配套政策，实现区域整体推进

按照循环经济理念，因地制宜发展秸秆多途径利用技术和模式，研究出台配套政策：一是落实秸秆收储点和堆场用地，解决制约秸秆综合利用收储运瓶颈问题。二是将秸秆捡拾、切割、粉碎、打捆、压块等初加工用电列入农业生产用电价格类别，降低秸秆初加工成本。三是粮棉主产区在农忙季节，应采取方便秸秆运输的有效措施，提高秸秆运输效率。四是落实国家关于支持小微企业发展的指导意见，给予符合政策的秸秆加工企业信贷优惠等。

在目前种植制度多样化、秸秆种类复杂、秸秆利用途径多元化的地区，因地制宜采取整县推进，实现县域秸秆高效综合利用，杜绝秸秆露天焚烧现象。2014—2015年，启动10个秸秆综合利用示范县建设，每个示范县秸秆新增利用能力10万吨以上，新增年利用能力100万吨。

8. 秸秆综合利用科技支撑工程

依托骨干企业、研究院所和大学等，开展创新平台建设，开展应用研究和系统集成，促进科技成果的产业化；引进消化吸收适合中国国情的国外先进装备和技术，推进先进生物质能综合利用产业化示范。加快建立秸秆综合利用相关产品的行业标准、产品标准、质量检测标准体系，规范生产和应用。举办秸秆综合利用技术培训班，分层次对基层农技人员、村镇干部进行技术培训。

《京津冀及周边地区秸秆综合利用和禁烧工作方案（2014—2015年）》虽然没有给出秸秆综合利用的指导原则，但文中提出了如下几个方面的“因地制宜”：一是因地制宜、科学合理地推进秸秆综合利用和禁烧。在目前种植制度多样化、秸秆种类复杂、秸秆利用途径多元化的地区，因地制宜采取整县推进，实现县域秸秆高效综合利用，杜绝秸秆露天焚烧现象。二是因地制宜建设秸秆收集储运站。三是按照循环经济理念，因地制宜发展秸秆多途径利用技术和模式。

二、《东北地区秸秆处理行动方案》的重点任务和重点工作

2017年农业部编制印发的《东北地区秸秆处理行动方案》(农科教发〔2017〕9号)，其所述东北地区包括辽、吉、黑三省和内蒙古自治区。该地区秸秆总量大、密度高、利用难度大，是我国秸秆禁烧和综合利用的重点和难点地区。2016年，东北地区秸秆焚烧遥感火点数量高达5 595个，占全国的近3/4。

2017 年，东北地区秸秆综合利用率为 72%，比全国平均水平低了将近 12 个百分点。具体如表 11-1 所示。

表 11-1　东北地区秸秆焚烧遥感火点数量和秸秆综合利用率

项目		全国	东北地区				
			小计或平均	辽宁	吉林	黑龙江	内蒙古
2016 年秸秆焚烧遥感火点	数量（个）*	7 624	5 595	461	494	3 848	792
	占全国（%）	100.00	73.39	6.05	6.48	50.47	10.39
2017 年秸秆综合利用	利用率(%)**	83.68	72.00	84.73	75.74	64.10	82.50
	比全国平均高（+）低（-）（个百分点）	0	-11.68	1.05	-7.94	-19.58	-1.18

资料来源：* 环境保护部卫星环境应用中心网站秸秆焚烧火点遥感监测月报。** 农业农村部张桃林副部长《在东北地区秸秆处理行动现场交流会上的讲话》(2018 年 10 月 18 日)。

《东北地区秸秆处理行动方案》直接沿用了《关于编制“十三五”秸秆综合利用实施方案的指导意见》给出的“统筹规划，合理布局”原则，并做出与之完全相同的内容表述。

《东北地区秸秆处理行动方案》提出：“到 2020 年，力争东北地区秸秆综合利用率达到 80%以上，比 2015 年提高 13.4 个百分点。”同时，明确了秸秆综合利用的四项重点任务。

一是以粮食生产功能区为重点，提高秸秆农用水平。针对东北地区农业产业结构和自然气候条件特点，加大秸秆还田工作力度，大力推广玉米秸秆深翻还田技术、秸秆覆盖还田保护性耕作技术，提高还田质量；大力推广秸—饲—肥、秸—能—肥、秸—菌—肥等循环利用技术，推动以秸秆为纽带的循环农业发展，夯实粮食生产功能区发展基础。

二是以新型农业经营主体为依托，提高秸秆收储运专业化水平。针对东北地区秸秆收储运主体少、装备水平低等问题，加快培育秸秆收储运专业化人才和社会化服务组织，建设秸秆储存规范化场所，配备秸秆收储运专业化装备，建立玉米主产县（农场）全覆盖的服务网络，逐步形成商品化秸秆收储和供应能力，实现秸秆收储运的专业化和市场化，促进秸秆后续利用。

三是以科技创新为支撑，提高秸秆综合利用标准化水平。针对东北地区玉米秸秆还田、收储和利用方式的特点和瓶颈，发挥东北区域玉米秸秆综合利用协同创新联盟和现代农业产业技术体系的科技引领作用，围绕秸秆肥料、饲料、燃料、基料、原料等利用领域，熟化一批新技术、新工艺和新装备，形成从农作物品种、种植、收获、秸秆还田、收储到“五料化”利用等全过程完整的技术规范和装备标准，提高秸秆综合利用的标准化水平。

四是以产业提档升级为目标，提高秸秆市场化利用水平。针对东北地区秸秆产业化利用主体不多、竞争力不强、效益不高等问题，出台并落实用地、用电、信贷、税收等优惠政策，建立政府引导、市场主体、多方参与的产业化发展培育机制，发展一批生物质供热供气、燃料乙醇、颗粒燃料、板材、造纸、食用菌等领域可市场化运行的经营主体，推动秸秆综合利用产业结构优化和提质增效。

为使秸秆综合利用重点任务落到实处，《东北地区秸秆处理行动方案》又对地方各级行政部门和产学研事业单位提出了当下必须做好的五项重点工作。

一是编制省级方案，强化统筹推动。加强东北地区秸秆综合利用规划研究，统筹不同区域、不同作物秸秆综合利用的目标和重点，编制三省一区“十三五”秸秆综合利用省级实施方案，合理布局秸秆产业化利用途径、收储运基地，建立健全政府推动、市场化运作、多方参与的秸秆综合利用体系。

二是实施一批试点，强化示范带动。依托中央财政秸秆综合利用试点补助资金，支持东北地区秸秆综合利用的重点领域和关键环节，鼓励以县（农场）为单元统筹相关资金，加大秸秆综合利用支持力度，2017 年试点规模达到 60 个县，力争到 2020 年实现 147 个玉米主产县（农场）全覆盖。重点遴选 20 个秸秆综合利用试点县，加大支持力度，总结推广适合东北不同区域、不同作物的利用模式 10 套以上，打造具有区域代表性的秸秆综合利用示范样板，构建政策、工作、技术三大措施互相配套的长效机制。

三是搭建创新平台，强化科技支撑。首先要开展协同技术创新。依托东北区域玉米秸秆综合利用协同创新联盟，东北三省一区农科院及农垦科学院要搭建区域农业科技创新与交流平台；现代农业产业技术体系内增设的秸秆综合利用岗位科学家，要围绕秸秆肥料化、饲料化、燃料化、基料化等利用方式的技术瓶颈，积极争取国家重点研发项目，开展协同技术创新，加大科技攻关力度。其次要研发关键技术装备。在肥料化方面，重点攻克与玉米—大豆轮作、玉米连作种植制度相配套的秸秆覆盖还田和深翻还田技术，研发低温快速腐解微生物菌剂，研发 200 马力以上的深翻还田机械；在饲料化方面，筛选优良的秸秆降解与生物转化微生物菌株，研发秸秆饲料无害防腐剂调节剂；在燃料化方面，研发低排放、抗结渣的秸秆生物质燃烧设备，攻克秸秆热解气化焦油去除难题。

四是推介典型模式，强化培训推广。首先是推介秸秆农用十大模式。按照工作措施、技术措施、政策措施“三位一体”的要求，深入总结东北高寒区玉米秸秆深翻养地、秸—饲—肥种养结合、秸—沼—肥能源生态、秸—菌—肥基质利用等循环利用模式，向社会发布推介。其次是召开系列现场交流会。在东北三省一区按“五料化”利用途径，召开秸秆机械化还田、离田系列现场交流会，广泛宣传推广秸秆综合利用的好做法、好经验和好典型。最后是举办系列技术培训。结合新型职业农民培训工程、现代青年农场主培养计划、新型农业经营主体带头人培训计划等，部、省、县（市）分层次、分环节、分对象举办秸秆综合利用技术培训班，加强东北地区各级技术推广人员、新型农业经营主体的培训力度，培训规模达到10 000人次，不断提高专业化水平。

五是推出一批政策，强化发展动能。首先是推动政策落实。贯彻落实好国家发展和改革委员会、财政部、农业部、环境保护部《关于进一步加快推进农作物秸秆综合利用和禁烧工作的通知》（发改环资〔2015〕2651号）要求，推动地方落实财政投入、税收优惠、金融信贷、用地、用电等政策。其次是完善配套政策。各地结合实际情况，研究出台秸秆运输绿色通道、秸秆深加工享受农业用电价格、还田离田补贴等政策措施。最后是培育新型主体。鼓励引导龙头企业、专业合作社、家庭农场、种养大户等新型经营主体，发展以秸秆为原料的生物有机肥、食用菌、成型燃料、生物炭、清洁制浆等新型产业，提高产业化水平，到2020年新增年秸秆利用量10万吨以上的龙头企业50个以上。

第二节　国家秸秆综合利用实施方案提出的重点领域和重点工程

一、关于编制“十三五”秸秆综合利用实施方案的指导意见

2016年国家发展和改革委员会和农业部联合印发的《关于编制“十三五”秸秆综合利用实施方案的指导意见》（发改办环资〔2016〕2504号）提出的秸秆综合利用总体目标为：“秸秆基本实现资源化利用、解决秸秆废弃和焚烧带来的资源浪费和环境污染

问题。力争到2020年在全国建立较完善的秸秆还田、收集、储存、运输社会化服务体系，基本能形成布局合理、多元利用、可持续运行的综合利用格局，秸秆利用率达到85%以上。”

发改办环资〔2016〕2504号文规定，要以省级为单位编制秸秆综合利用实施方案，并要求各省（自治区、直辖市）在进一步摸清秸秆资源潜力和利用现状的基础上，根据资源产生种类和空间分布情况，合理确定适宜本地区的秸秆综合利用方式（肥料化、饲料化、燃料化、基料化和原料化等）、数量和产业布局，设定发展目标，鼓励以农用为主、多元化利用产业的共生组合，并编制秸秆综合利用重点项目。同时，方案中要提出相应的保障措施，在工作机制、支持政策、技术集成与研发、科技服务等方面体现具体的内容。

发改办环资〔2016〕2504号文亦将秸秆“五料化”作为秸秆综合利用的重点领域，并提出如下具体要求。

一是在秸秆肥料化利用方面，继续推广普及保护性耕作技术，以实施玉米、水稻、小麦等农作物秸秆直接还田为重点，制定秸秆机械化还田作业标准，科学合理地推行秸秆还田技术；结合秸秆腐熟还田、堆沤还田、生物反应堆以及秸秆有机肥生产等，提高秸秆肥料化利用率。

二是在秸秆饲料化利用方面，要把推进秸秆饲料化与调整畜禽养殖结构结合起来，在粮食主产区和农牧交错区积极培植秸秆养畜产业，鼓励秸秆青贮、氨化、微贮、颗粒饲料等的快速发展。

三是在秸秆能源化利用方面，立足于各地秸秆资源分布，结合乡村环境整治和节能减排措施，积极推广秸秆生物气化、热解气化、固化成型、炭化、直燃发电等技术，推进生物质能利用，改善农村能源结构。

四是在秸秆基料化利用方面，大力发展以秸秆为基料的食用菌生产，培育壮大秸秆生产食用菌基料龙头企业、专业合作组织、种植大户，加快建设现代高效生态农业；利用生化处理技术，生产育苗基质、栽培基质，满足集约化育苗、无土栽培和土壤改良的需要，促进农业生态平衡。

五是在秸秆原料化利用方面，围绕现有基础好、技术成熟度高、市场需求量大的重点行业，鼓励生产以秸秆为原料的非木浆纸、木糖醇、包装材料、降解膜、餐具、人造板材、复合材料等产品，大力发展以秸秆为原料的编织加工业，不断提高秸秆高值化、产业化利用水平。

发改办环资〔2016〕2504号文在其附件1《秸秆综合利用重点建设领域》中设定了秸秆综合利用两大重点建设领域、七项重点工程，即重点建设领域一（秸秆综合利用基本能力建设）的“秸秆科学还田工程”“秸秆收储运体系工程”“产学研技术体系工程”和重点建设领域二（秸秆产业化利用示范工程建设）的“秸秆土壤改良示范工程”“秸秆种养结合示范工程”“秸秆清洁能源示范乡镇（园区）建设工程”“秸秆工农复合型利用示范工程”。

二、“十三五”秸轩综合利用重点建设领域

“十三五”期间，围绕秸秆肥料化、饲料化、能源化、基料化、原料化和收储运体系建设等领域，大力推广秸秆用量大、技术成熟和附加值高的综合利用技术，因地制宜地实施重点建设工程，推动秸秆综合利用试点示范。

（一）秸秆综合利用基本能力建设

（1）秸秆科学还田工程。以推进耕地地力保护、秸秆资源化利用和农业可持续发展为目标，科学制定区域秸秆还田能力，通过发展专业化农机合作社，配备秸秆粉碎机、大马力秸秆还田机、深松机等相关农机设备，大力推进秸秆机械化粉碎还田和快速腐熟还田，继续推广保护性耕作技术。鼓励有条件的地方加大秸秆还田财政补贴力度。

（2）秸秆收储运体系工程。根据秸秆离田利用产业化布局和农用地分布情况，建设秸秆收储场（站、中心），扶持秸秆经纪人专业队伍，配备地磅、粉碎机、打捆机、叉车、消防器材、运输车等设备设施，实现秸秆高效离田、收储、转运、利用。

（3）产学研技术体系工程。围绕秸秆综合利用中的关键技术瓶颈，遴选优势科研单位和龙头企业开展联合攻关，提升秸秆综合利用技术水平。引进消化吸收适合中国国情的国外先进装备和技术，提升秸秆产业化水平和升值空间。尽快形成与秸秆综合利用技术相衔接、与农业技术发展相适宜、与农业产业经营相结合、与农业装备相配套的技术体系，规范生产和应用。

（二）秸秆产业化利用示范工程建设

（1）秸秆土壤改良示范工程。以提升耕地质量为发展目标，推广秸秆炭化还田改土、秸秆商品有机肥实施，重点支持建设连续式热解炭化炉、翻抛机、堆腐车间等设备设施，加大秸秆炭基肥和商品有机肥施用力度，推动化肥使用减量化，提升耕地地力。

（2）秸秆种养结合示范工程。在秸秆资源丰富和牛羊养殖量较大的粮食主产区，扶持秸秆青（黄）贮、压块颗料、蒸汽喷爆等饲料专业化生产示范建设，重点支持建设秸秆青贮氨化池、购置秸秆处理机械和饲料加工设备，增强秸秆饲用处理能力，保障畜牧养殖的饲料供给。

（3）秸秆清洁能源示范乡镇（园区）建设工程。在秸秆资源丰富和农村生活生产能源消费量较大的区域，大力推广秸秆燃料代煤、炭气油多联产、集中供气工程，配套秸秆预处理设备、固化成型设备、生物质节能炉具等相关设备，推动城乡节能减排和环境改善。

（4）秸秆工农复合型利用示范工程。以秸秆高值化、产业化利用为发展目标，推广秸秆代木、清洁制浆、秸秆生物基产品、秸秆块墙体日光温室、秸秆食用菌种植、作物育苗基质、园艺栽培基质等，实现秸秆高值利用。

第十二章　离田利用与产业化发展

第一节　我国离田利用的现状

秸秆综合利用的途径有五种，即肥料化利用、饲料化利用、燃料化利用、基料化利用、原料化利用，简称“五料化”利用。

2016 年，国家发展和改革委员会、农业部共同组织各省有关部门和专家，对全国“十二五”秸秆综合利用情况进行了终期评估（农业部新闻办公室，2016），结果显示：2015 年，全国主要农作物秸秆理论资源量为 10.4 亿吨，可收集资源量为 9.0 亿吨，利用量为 7.21 亿吨，秸秆综合利用率为 80.1%。

从“五料化”利用途径看，秸秆肥料化利用量 3.89 亿吨，占可收集资源量的 43.2%；秸秆饲料化利用量 1.69 亿吨，占可收集资源量的 18.8%；秸秆基料化利用量 0.36 亿吨，占可收集资源量的 4.0%；秸秆燃料化利用量 1.03 亿吨，占可收集资源量的 11.4%；秸秆原料化利用量 0.24 亿吨，占可收集资源量的 2.7%。

一、秸秆离田“四料化”利用量占已利用秸秆总量的 46%

秸秆离田利用的途径多样。在秸秆“五料化”利用中，秸秆饲料化、燃料化、基料化、原料化利用都属于秸秆离田利用，可简称秸秆离田“四料化”利用。依据国家发展和改革委员会、农业部“十二五”秸秆综合利用规划情况终期评估结果，2015 年全国秸秆离田“四料化”利用之和为 3.32 亿吨，分别占全国秸秆可收集资源量的36.89%和已利用总量的46.05%。

二、全国秸秆堆肥利用量约为1 400万吨

秸秆肥料化利用分为秸秆直接还田和秸秆堆肥还田。秸秆堆肥还田属于秸杆离田利用的范畴。

按照国家发展和改革委员会办公厅、农业部办公厅《关于开展农作物秸秆综合利用规划终期评估的通知》（发改办环资〔2015〕3264号）的要求，全国各省（自治区、直辖市）对秸秆综合利用“十二五”规划实施情况进行了终期评估。由分省报告看，明确给出秸秆堆肥利用状况的省份有5个，分别是北京、上海、安徽、四川和贵州，其秸秆堆肥利用量占可收集利用量的比重分别为1.14%、1.40%，1.68%，1.60%和1.50%，5省份平均为1.61%。

另外，通过对江苏、山东两省秸秆综合利用主管部门的咨询了解，将工厂化堆肥、农业生态园区堆肥、农户堆肥（主要是设施蔬菜水果种植户就地堆肥）包括在内，江苏省年秸秆堆肥利用量约为70万吨，占可收集利用量的1.85%；山东省年秸杆堆肥利用量约为125万吨，占秸秆可收集利用量的1.58%。

相比较而言，我国经济欠发达的中西部地区，虽然有机肥工厂化生产发展相对滞后，但考虑到这些地区部分农户仍保留着堆肥还田尤其是秸秆垫圈堆肥还田的习惯，区域化的秸秆堆肥利用率应不低于上述7个省份。由此可见，将我国的秸秆堆肥利用率估测为1%~2%，应当比较接近实际。

2015年，全国秸秆可收集资源量为9.0亿吨，按1.5%的秸秆堆肥利用率测算，全国秸杆堆肥利用量大致为1 400万吨。

三、全国秸秆离田利用总量约为3.46亿吨

依据国家发展和改革委员会、农业部“十二五”秸秆综合利用规划情况终期评估结果，2015年全国秸秆离田“四料化”

利用量为3.32亿吨。加上秸秆堆肥利用估算量，2015年全国秸秆离田利用总量约为3.46亿吨，占全国秸秆可收集利用量的38.44%。

四、全国秸秆离田利用量与秸秆直接还田量之比约为48∶52

依据国家发展和改革委员会、农业部“十二五”秸秆综合利用规划情况终期评估结果，2015年全国秸秆已利用总量为7.21亿吨。其中，秸秆离田利用量为3.46亿吨，秸秆直接还田量（秸秆已利用总量-秸秆离田利用量）为3.75亿吨，分别占已利用总量的47.99%和52.01%，即两者之比约为48∶52。也就是说，在我国已利用秸秆总量中，基本上是半量还田和半量离田利用。

第二节　秸秆饲料化利用在秸秆离田利用中占主导地位

依据国家发展和改革委员会、农业部“十二五”秸秆综合利用规划情况终期评估结果，2015年全国秸秆饲用量为1.69亿吨。由此可见，2015年全国秸秆饲用量占秸秆离田利用总量的比重已达到48.84%。

2015年全国草食牲畜存栏量为9.36个羊单位。按照每个羊单位年消耗460千克粗饲料（饲草）的定额估算，该年度全国草食畜饲草消耗量约为4.31亿吨。由此可见，2015年全国秸秆饲用量已占到饲草消耗总量的39.21%。而且，这部分秸秆还不包括全国约1亿吨（鲜重，折风干重约为3 500万吨）的青饲玉米等青饲秸秆。

第三节　秸秆新型产业化利用量仅占可收集利用量的5%~6%

秸杆离田利用可分为传统的秸秆离田利用和秸秆新型产业

化利用。

秸秆新型产业化利用包括秸秆新型能源化利用、秸秆商品有机肥工厂化生产和秸秆原料化利用（秸秆编织除外）。

传统的秸秆离田利用方式包括秸秆饲料化利用、秸秆基料化利用、农户直接燃用、农户庭院或田间就地堆肥利用以及秸秆编织。当然，我国现实的秸秆传统利用方式，其利用技术已经全面改进。同时，涌现出大量现代型的秸秆饲料企业、秸秆处理饲喂养殖场和秸秆食用菌企业。草毯、草帘等秸秆编织也基本实现了机械化。

一、全国秸秆新型能源化利用量为2 000万~2 400万吨

秸秆新型能源化利用包括秸秆固化、秸秆气化、秸秆炭化、秸秆液化和秸秆发电，简称“四化一电”。秸秆气化又可分为秸秆沼气（秸杆厌氧消化）和秸秆热解气化，秸秆液化亦可分为秸秆水解液化（生产纤维素乙醇）和秸秆热解液化（生产生物质油），故而又可简称为“六化一电”（毕于运，2010）。

（一）秸秆“四化”利用秸秆量为740万~800万吨

（1）稻杆热解气化利用稻秆量约为7万吨。据《中国农业统计资料2015》统计，2015年全国秸秆热解气化集中供气工程314处，供气户数12.34万户。按照1千克秸秆气化产生燃气2米^3、平均每户每天用气3米^{3}的标准计算，全年共计消耗秸秆6.76万吨。

（2）秸秆沼气利用秸秆量为140万~200万吨。据《中国农业统计资料2015》统计，2015年全国秸秆沼气集中供气工程387处，供气户数8.14万户。按照秸秆原料产沼气率35%、沼气比重0.97千克/米^3、平均每户每天用气1米^{3}的标准计算，全年共计消耗秸秆8.23万吨。

除秸秆沼气工程外，我国尚有其他各类沼气工程11万处，年处理各类农业废弃物630万吨。在《全国农村沼气发展“十

三五”规划》编制准备阶段，国家有关部门委托专家对沼气原料多元化等系列问题进行专门调研，结果表明，秸秆物料约占混合原料物料总量的20%~30%。据此推算，2015年全国混合原料沼气工程利用秸秆量为130万~190万吨。

综上分析，2015年全国秸秆沼气利用秸秆量为140万~200万吨。

（3）秸秆固化成型燃料利用秸秆量约为543万吨。据《中国农业统计资料2015》统计，2015年全国秸秆固化成型燃料厂1 190处，成型燃料产量493.49万吨。按照每1.1吨秸秆可生产1吨成型燃料计算，全年共计消耗秸秆542.84万吨。

（4）秸秆炭化利用秸秆量约为54万吨。据《中国农业统计资料2015》统计，2015年全国秸秆炭化工程106处，秸秆生物质炭产量16.28万吨。按照每1吨秸秆可生产生物质炭0.3吨计算，全年共计消耗秸秆54.27万吨。

（5）秸秆“四化”利用秸秆量合计。目前，我国秸秆热解生物质油尚处于试验研究阶段，秸秆水解纤维素乙醇处于试生产阶段，尚未实现规模化、商品化生产。因此，秸秆液化利用秸秆量可以忽略不计。

综上分析，2015年全国秸秆“四化”利用秸秆量为740万~800万吨。

（二）农林生物质发电利用秸秆量为1 200万~1 600万吨

按照燃料类别，生物质发电主要有三大类，即农林生物质发电、垃圾焚烧发电和沼气发电。农林生物质发电燃料亦主要有3类：一是农作物秸秆；二是农产品初加工副产物，包括蔗渣、稻壳、玉米芯、花生壳等；三是林木剩余物。

（1）全国农林生物质并网发电处理农林生物质量估算。据国家能源局《2017年度全国可再生能源电力发展监测评价报告》（国能发新能〔2018〕43号），2017年全国共投产农林生物质并网发电量项目272个，装机容量700.90万千瓦，年发电量为 397. 30 亿千瓦·时，农林生物质燃用量约5 400万吨。据此计算，当年度农林生物质并网发电装机年平均利用小时数为5 668小时，燃料产电率为0. 735 7千瓦·时/千克。

据国家能源局《2016 年度全国生物质能源发电监测评价通报》，2016 年全国共投产农林生物质并网发电量项目 254 个，装机容量635. 90 万千瓦，年发电量为333. 33 亿千瓦·时。据此计算，当年度农林生物质并网发电装机年平均利用小时数为5 242小时。

据国家能源局《生物质能发展“十三五”规划》（国能新能〔2016〕291 号），2015 年全国已投产的农林生物质并网发电项目总装机容量为635. 90 万千瓦。按照2016—2017 年两年全国农林生物质并网发电装机年平均利用小时数5 466小时计算，2015 年全国农林生物质并网发电项目年发电为 289. 70 亿千瓦·时；按0. 735 7 千瓦·时/千克的燃料产电率计算，2015 年全国农林生物质并网发电燃料利用量为3 938万吨。

（2）全国农林生物质并网发电利用秸秆量估算。生物质发电项目是典型的“小电厂、大燃料”（边光辉，2012；董少广，2014），燃料成本经常占发电总成本的 60%~70%（曾玉英，2012；胡婕等，2015；黄忠友，2019），燃料的稳定供应和适宜的价格是项目正常运行的前提。

在我国已投产的农林生物质并网发电项目中，有七成以上将秸秆规划为主要燃料，不少项目将秸秆利用比重规划为 70%甚至 80%以上，“纯秸秆”项目规划也不罕见。但由于两季作物之间抢收抢种、秸秆收集时间短；农作物收获机械强制配备秸秆粉碎装置，经过机械粉碎和均匀抛撒后的秸秆田间收集困难；秸秆“堵料”问题较难解决，燃烧性能又劣于林木剩余物和农产品初加工副产物，发电厂对后两种燃料的收购和使用存在一定偏好；局部地区扎堆建厂哄抢原料，秸秆收购价格不断提升等方面的原因，不少农林生物质发电厂实际利用秸秆比重远低于规划预设。

齐志攀和范嘉良撰文指出：我国农林生物质发电所用的燃料分为软质燃料和硬质燃料两种，软质燃料主要是各种软皮农作物秸秆，硬质燃料主要是硬直的棉杆、树枝、桑条等。同时指出：在目前我国农林生物质发电厂之中，软质燃料占整个燃料利用总量的 41%；在软质燃料中，水稻秸秆占 53%，小麦秸秆占 47%。

据国家能源局《2017 年度全国可再生能源电力发展监测评价报告》（国能发新能〔2018〕43 号），安徽、江苏农林生物质发电量分别居全国各省（自治区、直辖市）第二位和第四位。此两省是我国主要农区，秸秆资源总量大、分布密度高。由该两省农林生物质发电秸秆利用比重可管窥全国状况之一斑。

通过对于学华（2017）和杨圣春等（2017）文献的归纳整理，2014 年、2015 年和 2016 年上半年，安徽省农林生物质发电燃料消耗量分别为 396 万吨、440 万吨和 278 万吨，秸秆收购量分别为 100 万吨、163 万吨和 81 万吨，分别占燃料消耗总量的 25. 25%、37. 05%和 29. 14%。

另据国家能源局《2016 年度全国生物质能源发电监测评价通报》，2016 年安徽省农林生物质发电量为 41. 31 亿千瓦·时。按 0. 735 7 千瓦·时/千克的燃料产电率计算，2016 年安徽省农林生物质发电燃料消耗总量为 561 万吨。当年度，安徽省农林生物质发电实际利用秸秆 189 万吨（于学华，2017），占燃料消耗总量的 33. 69%。

2015 年，江苏省 15 家农林生物质直燃电厂中，仅 5 家消耗稻麦秸秆数量达到或超过 8 万吨，接近半数企业不足 5 万吨，其中大丰都市和东海龙源生物质电厂分别仅为 1. 88 万吨、0. 16 万吨，中电洪泽生物质电厂使用稻麦秸秆数量更是为零（宋晓华，2017）。2015 年、2016 年和 2017 年第一季度，江苏省农林生物质发电燃料消耗量分别为 401. 03 万吨、456. 64 万吨和

109.56 万吨，其中，稻麦秸秆分别占 22.06%、18.30% 和 15.10%（燕丽娜，2017）。

另外，笔者利用“CNKI 中国知网”，在有关农林生物质发电和秸秆发电的2 000多篇文献中，共查询到 5 篇论文（梁建国和马晓晖，2011；黄少鹏，2014；王婷然，2018；姚金楠，2018；丁亮，2015）在其农林生物质发电案例分析中明确给出了发电量和/或燃料消耗量、秸秆利用量和/或比重等相关信息。具体整理结果表明：除山东鱼台长青环保能源有限公司生物质电厂（2017 年）、东北地区某 30 兆瓦生物质电厂（2015 年）、安徽省五河县凯迪生物质发电厂（2013 年）秸秆利用比重分别达到 1/2 左右、1/3 左右和 1/5 左右外，其他农林生物质发电厂即江苏省国能射阳县生物质发电厂（2008—2014 年每年度）、安徽省砀山县光大新能源有限公司生物质能发电厂、安徽省五河县凯迪生物质发电厂（2011 年、2012 年）、江西省彭泽县 30 兆瓦生物质发电厂，秸秆利用比重全部在 1/5 以下。

笔者利用参加生物质能研讨会的机会对 10 多位生物质能发电专家进行了咨询。多数专家认为，目前我国已经投产的 200 多家农林生物质发电厂，虽然有不少家秸秆利用比重达到 50% 以上，但大多数秸秆利用比重在 30%左右乃至更低，利用 30% 左右的比重估算我国的农林生物质发电秸秆利用量较为接近实际。

指出，2015 年全国农林生物质并网发电燃料利用量估算结果约为 3 938 万吨。按照 30%～40%的高比重进行估算，则 2015 年全国农林生物质发电利用秸秆量为1 200 万～1 600万吨。

（三）全国秸秆新型能源化利用量合计

综上分析，2015 年全国秸秆“四化”利用量为 740 万～800 万吨，农林生物质发电利用秸秆量为1 200 万～1 600万吨。两项合计，2015 年全国秸秆“四化一电”利用量为2 000 万～2 400 万吨。

（四）农户直接燃用秸秆量

秸秆燃料化利用包括秸秆新型能源化利用和农户直接燃用两部分。

据国务院第三次全国农业普查领导小组办公室、国家统计局联合发布的《第三次全国农业普查主要数据公报（第四号）：农民生活条件》表明，第三次全国农业普查共对23 027万农户的生活能源利用状况进行了调查，其中，主要使用柴草（包括秸秆、薪材、牛粪等）的农户为10 177万户，占44.2%。这一比重在东部地区为27.4%，中部地区为40.1%，西部地区为58.6%，东北地区为84.5%。尤其是东北地区，燃用柴草的农户不仅比重高，而且冬季取暖利用柴草量大，平均每户在3吨左右。

依据国家发展和改革委员会、农业部“十二五”秸秆综合利用规划情况终期评估结果，2015年全国秸秆燃料化利用量1.03亿吨，扣除秸秆新型能源化利用量，全国农户直接燃用秸秆量为0.79亿~0.83亿吨。按10 177万户主要燃用柴草的农户数计算，平均每户燃用秸秆量在780~820千克。此与本课题组于2014—2015年完成的典型地区农户秸秆直接燃用量调查结果基本一致。

二、全国有机肥企业堆肥利用秸秆量约为400万吨

2015年全国秸秆堆肥利用量大致为1 400万吨。堆肥利用秸秆包括有机肥企业堆肥利用秸秆和农户堆肥利用秸秆两部分。

我国有机肥工厂化生产起步较晚。20世纪80年代开始引进国外工艺的菌种，生产有机生物肥或粒状有机肥（王鹏，2001）。90年代中后期，随着有机肥工业化生产技术的开发和推广应用，有机肥工厂化生产与利用得到了快速的发展（刘善江等，2018）。进入21世纪，在国家“沃土工程”“土壤有机质提升”行动、“绿色、有机、无公害”农产品行动的推动下，以及

有机肥免征增值税政策和生物有机肥所得税优惠政策的激励下，进一步推进了有机肥产业的发展进程。全国有机肥企业数量由2002年的近500家（马常宝，2004）增加到2015年的2 800家（观研天下北京信息咨询有限公司，2017），年均增加177家。

近年来，随着国家农业综合开发办公室《关于支持有机肥生产试点的指导意见》（国农办〔2014〕156号），农业部《关于打好农业面源污染防治攻坚战的实施意见》（农科教发〔2015〕1号）、《到2020年化肥使用量零增长行动方案》（农农发〔2015〕2号），农业部和财政部《关于开展秸秆综合利用试点促进耕地质量提升工作的通知》（农办财〔2016〕39号），农业部《开展果菜茶有机肥替代化肥行动方案》（农农发〔2017〕2号）、《畜禽粪污资源化利用行动方案（2017—2020年）》（农牧发〔2017〕11号），以及国家税务总局《关于明确有机肥产品执行标准的公告》（国家税务总局公告2015年第86号）等国家行政规范性文件的发布和实施，国家和地方各相关部门不断加大了对畜禽粪便、秸秆等农业废弃物资源化利用和有机肥生产的投资扶持和财政补贴，并深入落实了税收、信贷、用地、用电等优惠政策，有效地激发了有机肥产业的规模化发展。2016年和2017年，全国有机肥企业数量分别新增300家和260家，达到3 100家和3 360家；预计2018年将达到3 500家（观研天下北京信息咨询有限公司，2017）。

据农业部全国农业技术推广服务中心统计，在全国有机肥企业总量中，纯有机肥企业占43%，生物有机肥企业占13%，有机无机复混肥企业占35%，其他企业占9%。目前，全国有机肥企业设计年产能3 482万吨，年实际产量1 630万吨，产能发挥率为46.81%（符纯华和单国芳，2017），平均每个企业年实际产量5 821吨。

对江苏、山东、安徽、河北、河南、湖南、四川、吉林等省的有机肥生产调研表明，秸秆有机肥企业数量占有机肥企业总量的比重在9%~27%，平均比重为15.6%。据此推算，2015年在全国2 800家有机肥企业中，秸秆有机肥企业数量在440家左右。按平均每个企业年产有机肥5 821吨计，全国440家左右的秸秆有机肥企业，年有机肥实际产量约为256万吨。

实践表明，有机肥工厂化堆沤，每10吨有机物料可生产7吨有机肥。据此推算，全国440家左右的秸秆有机肥企业，年实际消纳有机物料约为366万吨。

目前，我国秸秆有机肥生产厂大多采用混合原料堆沤工艺，在秸秆中添加猪粪、牛粪、城镇污泥、农产品加工有机废弃物等低碳物料，来调节秸秆堆肥的碳氮比。各厂家秸秆与其他物料的调配比例在8∶2到3∶7不等，粮食主产区有机肥厂家秸秆比例大多高一些，城镇郊区有机肥厂家秸秆比例一般低一些。但对上述各省的调查显示，秸杆物料的总体比重可达到2/3左右。据此推算，全国440家左右的秸秆有机肥企业，年实际消纳秸秆量在250万吨左右。

除秸秆有机肥企业外，其他的有机肥企业，尤其是以猪粪、城镇污泥等低碳物料为主要原料的有机肥企业，也经常用秸秆来调节堆肥的碳氮比，秸杆添加比例在10%~30%，乃至更高。这部分有机肥企业占到全国有机肥企业总量的40%以上，年消纳秸秆量也达到130~150万吨。

综上估算，2015年全国有机肥工厂化生产利用秸秆量总体上达到近400万吨。

第四节　秸秆离田多元化利用策略

基于上述秸秆离田多元化利用现状和构成分析，结合其存在的现实问题和发展需求，特提出进一步提升我国秸秆离田多元化利用水平的如下策略。

一、建立新型的农牧结合制度

改革开放以来，尤其是近20多年来，随着城市化进程加快和土地快速流转，大量青壮年劳动力进城就业，越来越多的农户放弃种养，或只种不养，又或只养不种，导致我国以农户为单元的农牧结合制度快速解体。然而，受农业和农村经济总体发展水平的制约，我国仍处在由农户分散经营向新型经营主体适度规模经营过渡的初期阶段，以农业龙头企业、农业合作组织、家庭农场为经营主体的新型农牧结合制度尚未有效形成，从而导致较为严重的种养脱节。据调查，目前全国90%以上农业园区为单一种植业或单一养殖业，即使是在长江三角洲、京津唐等经济发达地区，能够充分实现种养一体化的生态循环农业园区也不到1/10。而欧美国家，现代种植制度的设计大都考虑了土地载畜量的要求，不仅使部分土地（如英国1/3左右的土地）种植从属于畜牧业生产，而且对一般的农作物种植也要考虑到可饲用秸秆的出路问题（毕于运，2010）。

以秸秆饲料化利用为主导的秸秆离田利用，不仅是种养结合循环农业发展的关键环节，而且必将成为现代生态农业发展的重要物质基础。按照我国节粮型畜牧业长远发展的需求，如果我国的畜产品自给率足够高，秸秆饲料化利用量应占到秸秆总产量的1/5~1/4，而目前只有16.25%，尚有5~10个百分点的增长空间。

另外，我国的秸秆处理饲喂水平有待进一步提升。据农业部《全国节粮型畜牧业发展规划（2011—2020年）》（农办牧〔2011〕52号），全国秸秆饲用处理率由1992年的21%提升到2010年的46%，力争到2015年和2020年再分别提升5个百分点和10个百分点，即分别达到51%和56%。农业部于康震副部长《在全国畜禽标准化规模养殖暨秸秆养畜现场会上的讲话》（2013年7月21日）指出，2012年全国经过加工处理的秸秆饲喂比例达到48%。由之可见，如要达到中等发达国家不低于80%的秸秆饲用处理率，需要再提升25个百分点以上。

为了促进我国由过度依赖化肥等无机物质的现代农业向有机与无机相耦合的现代生态农业转变，应以农业龙头企业尤其是大型农牧综合体、农业合作组织、家庭农场等新型农业经营主体为依托，以现代生态农业园区为载体，以种养一体化、规模化、标准化为主要经营组织方式，构建系统完善的生态循环农业链条，将秸秆、畜禽粪便等农业废弃物完全消纳在农业生产体系内（园区内），从而建立起完全新型的农牧结合制度，实现农业的园区化、高效化、生态化、市场化发展。

同时，在不断提升秸秆饲料化利用率的情况下，积极发展秸秆饲料工业，并逐步普及规模化牛羊养殖场和养殖大户的秸秆处理饲喂，力争到2030年将全国秸秆饲用处理率提高到70%以上。

二、建立具有中国特色的多元组合施肥制度

现代农业发展历程，是一个由现代农业生产要素对传统农业生产要素不断替代的过程，同时也是一个由注重无机物质投入，到有机、无机物质投入相匹配的发展过程。目前，世界上农业发达的国家都很注重施肥结构，基本形成了“秸秆直接还田+厩肥（粪便与垫圈秸秆混合堆肥）+化肥”的“三合制”施肥制度。美国和加拿大3/4的土壤氮素来自秸秆和厩肥；德国每施用1.0吨化肥，要同时施用1.5~2.0吨秸秆和厩肥（郝辉林，2001）。

借鉴发达国家的“三合制”施肥制度，在国家秸秆综合利用试点、畜禽粪污资源化利用行动、果菜茶有机肥替代化肥行动的推动下，针对畜禽粪便碳氮比偏低、秸秆碳氮比偏高的资源特性，积极发展秸秆与畜禽粪便混合堆肥。同时，充分考虑

我国各类农作物种植的现实经济性与广大农户购买和施用商品有机肥的主要利益驱动，以粮食、棉花等大田作物“秸秆直接还田+化肥”、大田高价值经济作物“秸秆直接还田+有机肥+化肥”、设施蔬菜水果和茶叶“有机肥+化肥”为主要组合方式，建立具有中国特色的多元组合施肥制度。

三、努力提高秸秆打包离田机械作业质量

秸秆打包离田是秸秆离田多元化利用的基础。我国秸秆打包离田机械作业主要存在两大问题：一是秸秆打包离田要经过搂草集条、捡拾打捆、抓捆装车运出农田三个主要环节的机械作业，在此过程中农田要经过搂草机（或割草搂草一体机）、打捆机、抓草机和运输车的四次碾压，这对于我国广大农区经过长期旋耕整地、耕层“浅、实、少”的农田来说无疑是雪上加霜。二是对经过农作物收获机械粉碎后抛撒在田间的秸秆进行捡拾打捆，含土量一般在10%~15%，打包后的秸秆只能用于发电、堆肥、压块燃料等用途，无法满足含土量不高于5%的秸秆饲用要求。同时，每进行1次秸秆捡拾打捆，保守估计，每亩农田将损失30~40千克的土壤，而且这部分土壤都是熟土、肥土。虽然其数量看起来微不足道，但经过3~4次的秸秆捡拾打捆，其所带走的土壤就相当东北黑土区、北方土石山区等地区一年的土壤轻度侵蚀量。

针对秸秆打包离田机械作业存在的上述问题：一要尽快研发并推广秸秆搂草、打捆一体机和抓草、运输一体车，以尽可能地减少农田碾压；二要大力推行农作物收获、秸秆打捆一体化作业，实现对秸秆的不落地“无土”打包，满足秸秆养畜等离田利用的高质量要求；三要适度降低秸秆捡拾作业强度，将打包秸秆的含土量控制在10%以下，减少农田土壤流失，同时提高打包秸秆质量。

四、建立以废弃秸秆为主要消纳对象的秸秆产业化体系

我国秸秆利用存在两大问题，一是露天焚烧，二是废弃。经过近 20 年的不懈努力，除东北地区外，我国各主要农区的秸秆露天焚烧都已得到有效控制（毕于运，2019）。

我国现实秸秆废弃量占可收集利用量的 1/5。这部分秸秆主要散布在田边、路边、村边和沟渠中，不仅造成严重的面源污染，而且导致农村环境脏乱差。

一方面倾注大量资金施行秸秆打包离田，另一方面又将大量的秸秆弃如敝屣。秸秆打捆离田对保障我国秸秆产业化利用、缓解秸秆禁烧压力的作用是有目共睹的。但在华南、长江中下游、黄淮海、汾渭谷地、四川盆地等主要农区秸秆机械化还田水平显著提升、秸秆露天焚烧得到有效控制的良好局面下，必须不失时机地开展秸秆产业化利用的结构调整，在进一步发挥秸秆打捆离田利用潜能的基础上，将秸秆产业化发展的扶持重点逐步转向废弃秸秆的收集和利用。以解决瓜菜秸秆（如瓜秧、茄果类蔬菜秸秆、马铃薯秧、蒜秸、姜秆等）和蔬菜尾菜污染为目标，重点发展秸秆堆肥、秸秆沼气、秸秆养畜等废弃秸秆的循环利用；以解决棉秆、油菜秆、烟秆、木薯秆等木质秸秆废弃为重点，重点发展秸秆成型燃料、秸秆“炭气热”联产等秸秆新能源产业，逐步建立以废弃秸秆为主要消纳对象的秸秆利用产业化体系。

五、努力提高秸秆新型产业高值化利用水平

根据秸秆打包机保有数量进行计算，目前我国秸秆机械打包作业能力已达到近 4 亿吨，而目前我国的秸秆新型产业化利用量仅占可收集利用量的 5%~6%。因此，我国秸秆离田利用的突出问题，不是秸秆打包离田能力不足，而是秸秆离田利用能力尤其是新型产业化利用能力严重不足的问题。

在我国秸秆离田利用产业中，除发展历程较为长久的秸秆养畜和秸秆食用菌产业外，其他的秸秆新型产业门类包括秸秆发电、秸秆成型燃料、秸秆沼气和生物天然气、秸秆热解气化、秸秆炭化、秸秆纤维素乙醇、秸秆板材和复合材料、秸秆清洁制浆、秸秆商品有机肥等在内，即使在相对比较弱质低效的农业产业化体系中，其总体经济效益预期也不具备明显的竞争优势，离开国家政策性扶持和补贴都较难实现强有劲的发展和长期维持。

未来我国秸秆离田产业化利用，要在进一步推进秸秆养畜和秸秆食用菌良性发展的基础上，按照中共中央办公厅、国务院办公厅《关于创新体制机制推进农业绿色发展的意见》（中办发〔2017〕56号）提出的“开展秸秆高值化、产业化利用”的要求，以产业的技术成熟度、内部收益率和生态环境效用为评判标准，对秸秆离田利用的各新型产业门类进行详尽的技术性、经济性和生态性评价，明确其高值化利用的优先序，并据其给予有重点的扶持和积极推进，逐步将我国秸秆新型产业化利用推上一个新台阶。秸秆沼气、秸秆商品有机肥（包括秸秆炭基肥）、秸秆成型燃料清洁供暖、秸秆清洁制浆、秸秆草毯草帘机械编织等可作为近期投资扶持的重点。

主要参考文献

毕于运，王亚静，2019. 秸秆综合利用政策解读［M］. 北京：中国农业出版社.
马金霞，关金菊，刘芳珍，2020. 秸秆综合利用技术［M］. 北京：中国农业科学技术出版社.
徐阳春，韦中，2019. 秸秆还田实用技术［M］. 南京：江苏凤凰科学技术出版社.
中国农学会组，2019. 秸秆综合利用［M］. 北京：中国农业出版社.